"中国森林生态系统连续观测与清查及绿色核算"系列丛书

王　兵■主编

宁夏贺兰山国家级自然保护区

森林生态系统服务功能评估

牛　香　　胡天华　　王　兵　
刘向才　　刘胜涛　　赵春玲　■著

中国林业出版社

图书在版编目(CIP)数据

宁夏贺兰山国家级自然保护区森林生态系统服务功能评估 / 牛香等著.
-- 北京：中国林业出版社, 2017.7
(中国森林生态系统连续观测与清查及绿色核算系列丛书 / 王兵主编)
ISBN 978-7-5038-9234-9

Ⅰ.①宁… Ⅱ.①牛… Ⅲ.①贺兰山－森林生态系统－服务功能－评估
－研究 Ⅳ.①S718.56

中国版本图书馆CIP数据核字(2017)第187260号

中国林业出版社·科技出版分社
策划、责任编辑： 于界芬 于晓文

出版发行	中国林业出版社	
	(100009 北京西城区德内大街刘海胡同 7 号)	
网 址	www.lycb.forestry.gov.cn	
电 话	(010) 83143542	
印 刷	北京卡乐富印刷有限公司	
版 次	2017 年 7 月第 1 版	
印 次	2017 年 7 月第 1 次	
开 本	889mm × 1194mm 1/16	
印 张	11.75	
字 数	265 千字	
定 价	98.00 元	

《宁夏贺兰山国家级自然保护区森林生态系统服务功能评估》
著 者 名 单

项目完成单位：

中国林业科学研究院森林生态环境与保护研究所

中国森林生态系统定位观测研究网络（CFERN）

宁夏贺兰山国家级自然保护区管理局

项目首席科学家：

王 兵　中国林业科学研究院

项目组成员：

胡天华	刘向才	赵春玲	梁咏亮	王继飞	朱亚超	李静尧
李爱平	都 震	王小芹	李晓娟	梁 军	李金红	张 娟
王志勇	贾志军	王 兵	牛 香	刘胜涛	宋庆丰	刘祖英
魏文俊	陶玉柱	丛日征	张维康	高志强	陈 波	邢聪聪
师贺雄	房瑶瑶	姜 艳	张玉龙	张金旺	王雪松	周 梅
郭 慧	郭文霞	俞社保	刘 磊	高瑶瑶	高 鹏	王学文
刘 斌	李 琦	徐丽娜	李少宁	王 慧	黄龙生	董玲玲
潘勇军	丁访军	魏江生				

特别提示

1. 本研究依据森林生态系统连续观测与清查体系（简称：森林生态连清），对宁夏贺兰山国家级自然保护区森林生态系统服务功能进行评估，范围包括红果子、石嘴山、大水沟、苏峪口和马莲口5个管理站。文本中提到的云杉林特指青海云杉林。

2. 评估所采用的数据源包括：①森林生态连清数据集：宁夏贺兰山国家级自然保护区及周边的3个森林生态站和6个辅助观测站点的长期监测数据；②森林资源连清数据集：宁夏贺兰山国家级自然保护区森林资源二类调查及2014年林地资源变更调查结果数据；③社会公共数据集：国家权威部门以及宁夏回族自治区公布的社会公共数据，根据贴现率将非评估年份价格参数转换为2014年现价。

3. 依据中华人民共和国林业行业标准《森林生态系统服务功能评估规范》(LY/T1721—2008)，针对5个管理站和优势树种（组）分别开展宁夏贺兰山国家级自然保护区森林生态系统服务功能评估，评估指标包括：涵养水源、保育土壤、固碳释氧、林木积累营养物质、净化大气环境、生物多样性保护和森林游憩7类21项指标，并首次将宁夏贺兰山国家级自然保护区森林植被滞尘量、滞纳$PM_{2.5}$和PM_{10}指标进行单独评估。

4. 当用现有的野外观测值不能代表同一生态单元同一目标林分类型的结构或功能时，为更准确获得这些地区生态参数，引入了森林生态功能修正系数，以反映同一林分类型在同一区域的真实差异。

5. 在价值量评估过程中，由物质量转价值量时，部分价格参数并非评估年价格参数，因此，引入贴现率将非评估年价格参数换算为评估年份价格参数以计算各项功能价值量的现价。

6. 本研究中提及的滞尘量是指森林生态系统潜在饱和滞尘量，是基于模拟实验的结果，核算的是林木的最大滞尘量。

凡是不符合上述条件的其他研究结果均不宜与本研究结果简单类比。

前　言

　　森林是陆地上最大的生态系统。森林在地球上的分布范围广阔，生物多样性丰富，不仅能够为人类提供大量的林副产品，而且在维持生物圈的稳态方面发挥着重要作用。长期以来，人们认为森林的作用就是为人类提供木材和其他林业产品，具有单纯的经济效益。随着科学的发展，人们逐渐认识到，森林作为生物圈中最重要的生态系统，它所具有的生态效益和社会效益远远超过其带来的经济效益。森林是人类的资源宝库，是生物圈中能量流动和物质循环的主体。

　　森林生态系统服务功能是指森林生态系统与生态过程所维持人类赖以生存的自然环境条件与效用。其主要的输出形式表现在两方面，即为人类生产和生活提供必需的有形的生态产品和保证人类经济社会可持续发展、支持人类赖以生存的无形生态环境与社会效益功能。然而长期以来，人类对森林的主体作用认识不足，使森林资源遭到了日趋严重的破坏，如空气质量下降、雾霾频发、干旱和洪涝加剧、水土流失严重、生物多样性破坏和荒漠化面积增加等生态环境问题日益突显，最终使得人类生存环境面临越来越严峻的挑战。因此，如何加强林业生态建设，最大限度地发挥森林生态系统服务功能已成为人们最关注的热点问题之一，而进一步去客观评价森林生态系统服务功能价值动态变化，对于科学经营与管理森林资源具有重要的现实意义。

　　早在 2005 年，时任浙江省委书记的习近平同志在浙江安吉天荒坪镇余村考察时，首次提出了"绿水青山就是金山银山"的科学论断。经过多年的实践检验，习近平总书记后来再次全面阐述了"两座山论"，即"我们既要绿水青山，也要金山银山。宁要绿水青山，不要金山银山，而且绿水青山就是金山银山"。这三句话从不同角度阐明了发展经济与保护生态二者之间的辩证统一关系，既有侧重又不可分割，构成有机整体。"金山银山"与"绿水青山"这"两座山论"，正在被海内外越来越多的人所知晓和接受。习总书记在国内国际很多场合，以此来阐明生态文明建设的重要性，为美丽中国指引方向。

2016年9月23日，国务院副总理汪洋出席林业科技创新大会并讲话。他强调，林业建设是事关经济社会可持续发展的根本性问题，科技创新是提升林业发展水平的重大举措。要认真贯彻落实全国科技创新大会精神，充分发挥科技第一生产力、创新第一驱动力作用，以自主创新、协同创新、制度创新加快林业科技进步，为保障森林生态安全、促进生态文明建设和经济社会健康发展提供有力支撑。要瞄准国际前沿领域，围绕涉及生态安全、资源安全的重大基础理论，深入开展林业科学基础研究，掌握林业科技竞争的战略主动权。

近年来，我国在借鉴国内外最新研究成果基础上，通过中国森林生态系统定位观测研究站，依靠森林生态连清技术进行了一系列不同尺度森林生态系统服务功能的评估，并完成相关评估报告，这充分体现了森林资源清查与森林生态连清有机耦合的重要性，标志着我国森林生态服务功能评估迈出了新的步伐，为描述我国森林生态服务的动态变化，完善森林生态环境动态评估及健全生态补偿机制提供了科学依据。

借助CFERN平台，中国森林生态服务功能评估项目组，2006年，启动"中国森林生态质量状态评估与报告技术"（编号：2006BAD03A0702）"十一五"科技支撑计划；2007年，启动"中国森林生态系统服务功能定位观测与评估技术"（编号：200704005）国家林业公益性行业科研专项计划，组织开展森林生态服务功能研究与评估测算工作；2008年，参考国际上有关森林生态服务功能指标体系，结合我国国情、林情，制定了《森林生态系统服务功能评估规范（LY/T1721-2008)》，并对"九五""十五""十一五""十二五"期间全国森林生态系统涵养水源、固碳释氧等主要生态服务功能的物质量和价值量进行了较为系统、全面的测算。

2009年11月17日，在国务院新闻办举行的第七次全国森林资源清查新闻发布会上，国家林业局贾治邦局长首次公开了我国森林生态系统服务功能的评估结果：全国每年涵养水源量近5000亿立方米，相当于12个三峡水库的库容量；每年固土量70亿吨，相当于全国每平方千米平均减少了730吨的土壤流失；6项森林生态系统服务功能价值量合计每年达到10.01万亿元，相当于全国GDP总量的1/3。

2015年，由国家林业局和国家统计局联合完成的"生态文明制度构建中的中国森林资源核算研究"项目的研究成果显示，与第七次全国森林资源清查期末相比，第八次全国森林资源清查期间年涵养水源量、年保育土壤量分别增加了17.37%、16.43%；全国森林生态系统服务年价值量达到12.68万亿元，增长了27.00%，相当于2013年全国GDP总值（56.88万亿元）的23.00%。

重视林业建设，增强植树造林力度，增加森林面积，对于改善中国森林资源不足、生态环境形势严峻的局面具有非常重要的意义。评估分析以及合理量化森林的经济价值，研究森林资源的综合效益，能够使人们更加深刻地了解林业建设的重要意义，充分认识森林的重要作用，加强林业建设在经济社会发展中的重要地位，更好地发挥林业在全国生态文明建设中的作用，促进人类与自然和社会的协调发展。

贺兰山位于宁夏回族自治区银川平原的西部，以其庞大的身躯纵峙于银川平原与阿拉善大漠之间，高耸的山峰和幽深的峡谷之间错落有致地散布着各类乔灌次生林，是宁夏保存较完整的重点天然林区之一。这一天然屏障历史地承担着阻挡沙漠东侵、保卫银川平原绿洲安全的责任。贺兰山因其特殊的地理区位使其成为我国西部重要的气候和植被分界线，其植被垂直分布明显，是我国西部干旱沙漠地区罕见的森林生态系统，区系分布多样，有许多特有的物种和变种，是许多植物模式标本的原产地，具有较高的科学研究价值。贺兰山野生动物资源丰富，具有华北、蒙新区物种，生物多样性较好，有高等植物800多种，脊椎动物218种，是典型的温带草原与荒漠的过度地带，对于研究半干旱区植被发展、演替及恢复生态系统的良性循环有重要价值。贺兰山呈东南西北分布，有效地阻挡腾格里沙漠的东移和冬冷夏湿气流的南来北往，并明显地减弱了山地水土流失与洪水暴发，既涵养水源，又调节气候。贺兰山的保护不仅是因为它的资源价值，更重要的原因是它的存在，为银川平原形成了一道天然的生态屏障，保障了银川平原农业生产和生态安全。贺兰山作为宁夏引黄灌区的生态安全屏障，承担着改善本区域生态状况、维护国土生态安全的重要重任。因此，保护、发展及客观评价贺兰山森林生态系统服务功能意义十分重大。

为了客观、动态、科学地评估宁夏贺兰山国家级自然保护区森林生态系统服务功能，准确量化森林生态系统服务功能的物质量和价值量，提高林业在宁夏国民经济和社会发展中的地位，宁夏贺兰山国家级自然保护区管理局组织了此次评估工作，以中国森林生态系统定位观测研究网络（CFERN）为技术依托，结合宁夏贺兰山国家级自然保护区森林资源的实际情况，运用森林生态系统连续观测与定期清查体系，以贺兰山森林资源二类调查和林地变更调查数据为基础，以 CFERN 多年连续观测数据、国家权威部门发布的公共数据及中华人民共和国林业行业标准《森林生态系统服务功能评估规范》(LY/T 1721-2008) 为依据，采用分布式测算方法，从涵养水源、保育土壤、固碳释氧、林木积累营养物质、净化大气环境、生物多样性保护和森林游憩 7 个方面，对宁夏贺兰山国家级自然保护区森林生态系统服务功能的物质量和价值量进行了评估测算。评估结果表明，2014 年宁夏贺兰山国家级自然保护区森林生态系统服务功能物质量为：涵养水源 4416.36 万立方米／年，固土 115.96 万吨／年，固碳 3.34 万吨／年，释氧 7.34 万吨／年，林木积累营养物质 713.14 吨／年，提供负离子 14.62×10^{22} 个／年，吸收污染物 7880.50 吨／年，滞尘量 49.42 万吨／年，滞纳 PM_{10} 361.27 吨／年，滞纳 $PM_{2.5}$ 77.44 吨／年。宁夏贺兰山国家级自然保护区森林生态系统服务功能每年的价值总量为 17.26 亿元／年，其中涵养水源 3.75 亿元／年，固碳释氧 3.14 亿元／年，保育土壤 0.69 亿元／年，林木积累营养物质 0.12 亿元／年，净化大气环境 5.12 亿元／年，生物多样性保护 3.93 亿元／年，森林游憩 0.51 亿元／年。单位面积森林生态系统服务功能每年的价值量为 6.25 万元／公顷。

评估结果以直观的货币形式展示了宁夏贺兰山国家级自然保护区森林生态系统为人们提供的服务价值，然后通过各种媒体对这种价值的宣传，可以有效地帮助人们直观地了解森林生态系统服务的价值，从而提高人们对森林生态系统服务的认识程度，增强人们的生态环境保护意识；有利于推进宁夏贺兰山国家级自然保护区林业的发展向生态、经济、社会三大效益统一的科学道路上转变，为构建生态文明制度、全面建成小康社会、实现中华民族伟大复兴的中国梦不断创造更好的生态条件，帮助人们算清楚"绿水青山价值多少金山银山"这笔账。

编　者

2017 年 5 月

目 录

第一章

宁夏贺兰山自然保护区森林生态系统
连续观测与清查体系

宁夏贺兰山国家级自然保护区（以下简称"宁夏贺兰山自然保护区"）森林生态系统服务功能评估基于宁夏贺兰山自然保护区森林生态系统连续观测与清查体系（简称"宁夏贺兰山自然保护区森林生态连清体系"）（图 1-1），是指以生态地理区划为单位，依托国家现有森林生态系统国家定位观测研究站（简称"森林生态站"）和宁夏贺兰山自然保护区内的其他林业监测点，采用长期定位观测技术和分布式测算方法，定期对宁夏贺兰山自然保护区森林生态系统服务进行全指标体系连续观测与清查，它与宁夏贺兰山自然保护区二类调查及林地资源变更调查结果数据相耦合，评估一定时期和范围内的宁夏贺兰山自然保护区森林生态系统服务，进一步了解保护区内森林生态系统服务的动态变化。

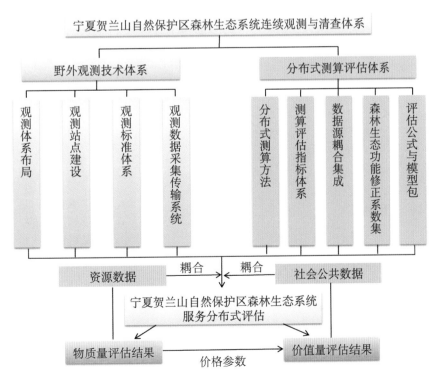

图 1-1　宁夏贺兰山自然保护区森林生态系统连续观测与清查体系框架

第一节　野外观测技术体系

一、宁夏贺兰山自然保护区森林生态系统服务功能监测站布局与建设

野外观测是构建宁夏贺兰山自然保护区森林生态连清体系的重要基础，为了做好这一基础工作，需要考虑如何构架观测体系布局。国家森林生态站与贺兰山自然保护区内各类林业监测点作为宁夏贺兰山自然保护区森林生态系统服务监测的两大平台，在建设时坚持"统一规划、统一布局、统一建设、统一规范、统一标准，资源整合，数据共享"原则。

森林生态站网络布局总体上是以典型抽样为基础，根据研究区的水热分布和森林立地情况等，选择具有典型性及代表性的区域，层次性明显。宁夏回族自治区（以下简称"宁夏"）目前已建和在建的森林生态站和辅助站点在布局上已经能够充分体现区位优势和地域特色，森林生态站布局在全省和地方等层面的典型性和重要性已经得到兼顾，并且已形成层次清晰、代表性强的森林生态站及辅助观测网点，可以负责相关站点所属区域的各级测算单元，即可再分为优势树种（组）、林分起源组和林龄组等。借助这些森林生态站，可以满足宁夏贺兰山自然保护区森林生态连清和科学研究需求。本次评估所采用的数据主要来源于宁夏贺兰山森林生态系统定位观测研究站及周边站点，同时还利用 6 个辅助观测点对数据进行补充和修正（图 1-2）。

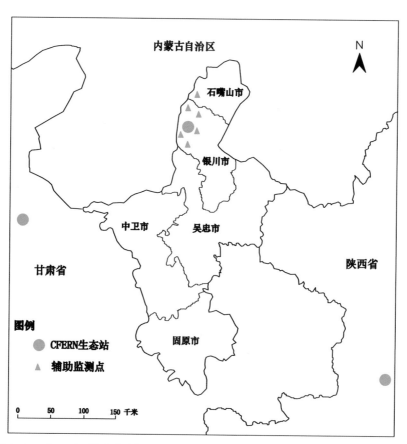

图 1-2　宁夏贺兰山自然保护区森林生态系统服务功能监测站点分布

二、宁夏贺兰山自然保护区森林生态连清监测评估标准体系

宁夏贺兰山自然保护区森林生态连清监测评估所依据的标准体系包括从森林生态系统服务功能监测站点建设到观测指标、观测方法、数据管理乃至数据应用各个方面的标准（图1-3）。这一系列的标准化保证了不同站点所提供宁夏贺兰山自然保护区森林生态连清数据的准确性和可比性，为宁夏贺兰山自然保护区森林生态系统服务功能评估的顺利进行提供了保障。

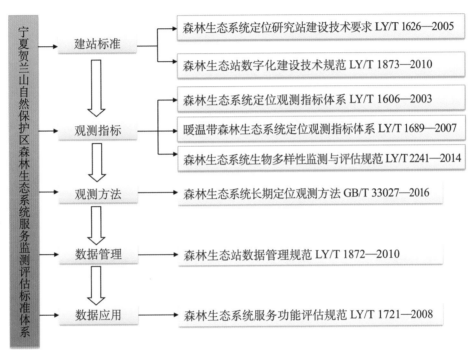

图1-3 宁夏贺兰山自然保护区森林生态系统服务功能监测评估标准体系

第二节 分布式测算评估体系

一、分布式测算方法

分布式测算源于计算机科学，是研究如何把一项整体复杂的问题分割成相对独立运算的单元，并将这些单元分配给多个计算机进行处理，最后将计算结果综合起来，统一合并得出结论的一种科学计算方法（Hagit Attiya，2008）。

最近，分布式测算项目已经被用于使用世界各地成千上万位志愿者的计算机的闲置计算能力，来解决复杂的数学问题如 GIMPS 搜索梅森素数的分布式网络计算和研究寻找最为安全的密码系统如 RC4 等。这些项目都很庞大，需要惊人的计算量。而分布式测算就是研究如何把一个需要非常巨大计算能力才能解决的问题分成许多小的部分，然后把这些部分分配给许多计算机进行处理，最后把这些计算结果综合起来得到最终的结果。随着科学的发展，分布式测算已成为一种廉价的、高效的、维护方便的计算方法。

　　森林生态服务评估是一项非常庞大、复杂的系统工程，很适合划分成多个均质化的生态测算单元开展评估（Niu et al.，2013）。通过第一次（2009年）和第二次（2014年）全国森林生态系统服务评估以及2014年和2015年《退耕还林工程生态效监测国家报告》和许多省级尺度的评估已经证实，分布式测算方法能够保证评估结果的准确性及可靠性。因此，分布式测算方法是目前评估宁夏贺兰山自然保护区森林生态服务所采用的较为科学有效的方法。

　　宁夏贺兰山自然保护区森林生态系统服务评估分布式测算方法见图1-4。具体为：① 将宁夏贺兰山自然保护区按照管理站划分为5个一级测算单元；② 再将每个一级测算单元按照优势树种（组）类型划分成11个二级测算单元；③ 每个二级测算单元按照起源类型划分成2个三级测算单元；④ 最后将每个三级测算单元按照林龄类型划分成5个四级测算单元，再结合不同立地条件的对比观测，最终确定300个（经济林和灌木林不进行林龄组的测算）相对均质化的生态服务评估单元。

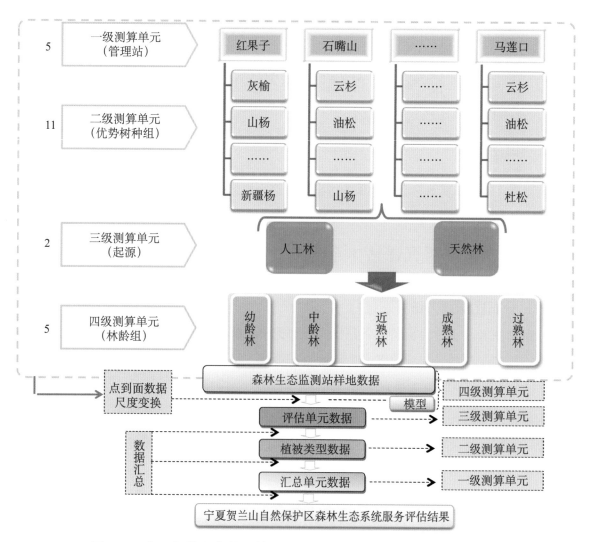

图1-4　宁夏贺兰山自然保护区森林生态系统服务分布式测算方法

二、监测评估指标体系

森林生态系统是陆地生态系统的主体,其生态系统服务体现于生态系统和生态过程所形成的有利于人类生存与发展的生态环境条件与效用。如何真实地反映森林生态系统服务的效果,监测评估指标体系的建立非常重要。

依据中国人民共和国林业行业标准《森林生态系统服务功能评估规范》(LY/T 1721-2008),结合宁夏贺兰山自然保护区森林生态系统实际情况,在满足代表性、全面性、简明性、可操作性以及适用性等原则的基础上,通过总结近年的工作及研究经验,本次评估选取了7类21项指标(图1-5)。其中,降低噪音等指标的测算方法尚未成熟,因此,本报告未涉及它们功能评估。基于相同原因,在吸收污染物指标中不涉及吸收重金属的功能评估。

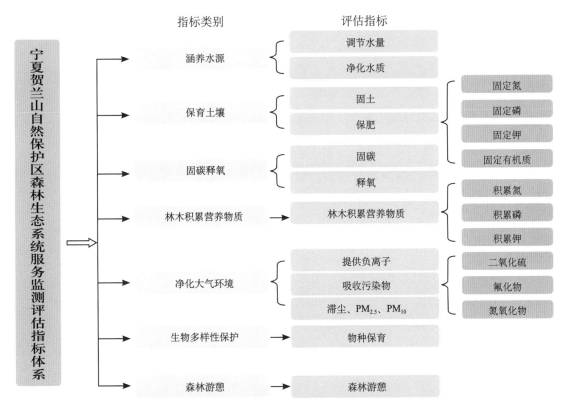

图1-5 宁夏贺兰山自然保护区森林生态系统服务测算评估指标体系

三、数据来源与集成

宁夏贺兰山自然保护区森林生态连清评估分为物质量和价值量两大部分。物质量评估所需数据来源于宁夏贺兰山自然保护区森林生态系统定位研究站的森林生态连清数据集及森林资源二类调查和2014年宁夏贺兰山自然保护区林地资源变更调查结果数据;价值量评估所需数据除以上两个来源外还包括社会公共数据集(图1-6),其主要来源于我国权威机构所公布的社会公共数据。

主要的数据来源包括以下三部分:

1. 宁夏贺兰山自然保护区森林生态连清数据集

宁夏贺兰山自然保护区森林生态连清数据主要来源于宁夏贺兰山森林生态系统定位观测研究站及周边站点和6个辅助观测点的监测结果，依据中华人民共和国林业行业标准《森林生态系统服务功能评估规范》（LY/T 1721—2008）和中华人民共和国国家标准《森林生态系统长期定位观测方法》（GB/T 33027—2016）等开展观测，得到宁夏贺兰山自然保护区森林生态连清数据。

2. 宁夏贺兰山自然保护区森林资源数据集

宁夏贺兰山自然保护区森林资源连清数据集，来源于宁夏贺兰山自然保护区森林资源二类调查及2014年林地资源变更调查结果数据。

3. 社会公共数据集

社会公共数据来源于我国权威机构所公布的社会公共数据，包括《中国水利年鉴》《中华人民共和国水利部水利建筑工程预算定额》、农业部信息网（http://www.agri.gov.cn/）、卫生部网站（http://www.nhfpc.gov.cn）、中华人民共和国国家发展和改革委员会第四部委2003年第31号令《排污费征收标准及计算方法》、宁夏回族自治区物价局官网（http://www.nxcpic.gov.cn）等相关部门统计公告（图1-6和附表4）。

将上述三类数据源有机地耦合集成，应用于一系列的评估公式中，最终可以获得宁夏贺兰山自然保护区森林生态系统服务功能评估结果。

图1-6　数据来源与集成

四、森林生态功能修正系数

在野外数据观测中，研究人员仅能够得到观测站点附近的实测生态数据，对于无法实地观测到的数据，则需要一种方法对已经获得的参数进行修正，因此引入了森林生态功能修正系数（Forest Ecological Function Correction Coefficient，简称 FEF-CC）。FEF-CC 指评估林分生物量和实测林分生物量的比值，它反映森林生态服务评估区域森林的生态质量状况，还可以通过森林生态功能的变化修正森林生态服务的变化。

森林生态系统服务价值的合理测算对绿色国民经济核算具有重要意义，社会进步程度、经济发展水平、森林资源质量等对森林生态系统服务均会产生一定影响，而森林自身结构和功能状况则是体现森林生态系统服务可持续发展的基本前提。"修正"作为一种状态，表明系统各要素之间具有相对"融洽"的关系。当用现有的野外实测值不能代表同一生态单元同一目标优势树种（组）的结构或功能时，就需要采用森林生态功能修正系数客观地从生态学精度的角度反映同一优势树种（组）在同一区域的真实差异。其理论公式为：

$$FEF\text{-}CC = \frac{B_e}{B_o} = \frac{BEF \cdot V}{B_o} \qquad (1\text{-}1)$$

式中：FEF-CC——森林生态功能修正系数；

B_e——评估林分的单位面积生物量（千克／立方米）；

B_o——实测林分的单位面积生物量（千克／立方米）；

BEF——蓄积量与生物量的转换因子；

V——评估林分蓄积量（立方米）。

实测林分的生物量可以通过森林生态连清的实测手段来获取，而评估林分的生物量在宁夏贺兰山自然保护区森林资源清查中还没有完全统计。因此，通过评估林分蓄积量和生物量转换因子（BEF，见附表3），测算评估林分的生物量。

五、贴现率

宁夏贺兰山自然保护区森林生态服务全指标体系连续观测与清查体系价值量评估中，由物质量转价值量时，部分价格参数并非评估年价格参数，因此，需要使用贴现率将非评估年份价格参数换算为评估年份价格参数以计算各项功能价值量的现价。

宁夏贺兰山自然保护区森林生态服务全指标体系连续观测与清查体系价值量评估中所使用的贴现率指将未来现金收益折合成现在收益的比率，贴现率是一种存贷均衡利率，利率的大小，主要根据金融市场利率来决定，其计算公式为：

$$t = (D_r + L_r) / 2 \qquad (1\text{-}2)$$

式中：t——存贷款均衡利率（%）；

D_r——银行的平均存款利率（%）；

L_r——银行的平均贷款利率（%）。

贴现率利用存贷款均衡利率，将非评估年份价格参数，逐年贴现至评估年的价格参数。贴现率的计算公式为：

$$d = (1 + t_{n+1})(1 + t_{n+2}) \cdots (1 + t_m) \tag{1-3}$$

式中：d——贴现率；

t——存贷款均衡利率（%）；

n——价格参数可获得年份（年）；

m——评估年份（年）。

六、核算公式与模型包

（一）涵养水源功能

森林涵养水源功能主要是指森林对降水的截留、吸收和贮存，将地表水转为地表径流或地下水的作用（图 1-7）。主要功能表现在增加可利用水资源、净化水质和调节径流三个方面。本报告选定调节水量和净化水质 2 个指标反映森林的涵养水源的功能。

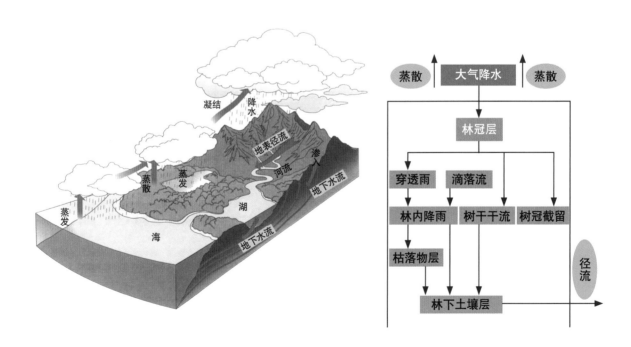

图 1-7　全球水循环及森林对降水的再分配示意

1. 调节水量指标

（1）年调节水量。林分年调节水量公式为：

$$G_{调} = 10 A \cdot (P - E - C) \cdot F \tag{1-4}$$

式中：$G_{调}$——实测林分年调节水量（立方米 / 年）；

P——实测林外降水量（毫米 / 年）；

E——实测林分蒸散量（毫米 / 年）；

C——实测地表快速径流量（毫米 / 年）；

A——林分面积（公顷）；

F——森林生态功能修正系数。

（2）年调节水量价值。森林生态系统年调节水量价值根据水库工程的蓄水成本（替代工程法）来确定，采用如下公式计算：

$$U_{调} = 10 C_{库} \cdot A \cdot (P - E - C) \cdot F \cdot d \tag{1-5}$$

式中：$U_{调}$——实测林分年调节水量价值（元 / 年）；

$C_{库}$——水库库容造价（元 / 立方米，见附表4）；

P——实测林外降水量（毫米 / 年）；

E——实测林分蒸散量（毫米 / 年）；

C——实测地表快速径流量（毫米 / 年）；

A——林分面积（公顷）；

F——森林生态功能修正系数；

d——贴现率。

2. 净化水质指标

（1）年净化水量。森林生态系统年净化水量采用年调节水量的公式：

$$G_{调} = 10 A \cdot (P - E - C) \cdot F \tag{1-6}$$

式中：$G_{调}$——实测林分年调节水量（立方米 / 年）；

P——实测林外降水量（毫米 / 年）；

E——实测林分蒸散量（毫米 / 年）；

C——实测地表快速径流量（毫米 / 年）；

A——林分面积（公顷）；

F——森林生态功能修正系数。

（2）年净化水质价值。森林生态系统年净化水质价值根据净化水质工程的成本（替代工程法）计算，采用如下公式计算：

$$U_{水质} = 10 K_{水} \cdot A \cdot (P - E - C) \cdot F \cdot d \qquad (1\text{-}7)$$

式中：$U_{水质}$——实测林分净化水质价值（元 / 年）；

　　　$K_{水}$——水的净化费用（元 / 立方米，见附表4）；

　　　P——实测林外降水量（毫米 / 年）；

　　　E——实测林分蒸散量（毫米 / 年）；

　　　C——实测地表快速径流量（毫米 / 年）；

　　　A——林分面积（公顷）；

　　　F——森林生态功能修正系数；

　　　d——贴现率。

（二）保育土壤功能

森林凭借庞大的树冠、深厚的枯枝落叶层及强壮且成网络的根系截留大气降水，减少或免遭雨滴对土壤表层的直接冲击，有效地固持土体，降低了地表径流对土壤的冲蚀，使土壤流失量大大降低。而且森林的生长发育及其代谢产物不断对土壤产生物理及化学影响，参与土体内部的能量转换与物质循环，使土壤肥力提高，森林是土壤养分的主要来源之一。为此，本次核算选用 2 个指标，即固土指标和保肥指标，以反映森林保育土壤功能（图 1-18）。

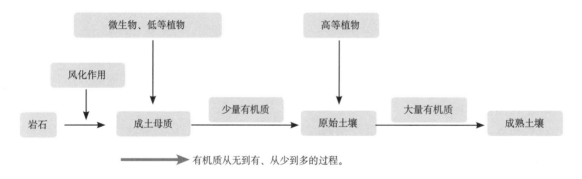

图 1-8　植被对土壤形成的作用

1.固土指标

（1）年固土量。林分年固土量公式为：

$$G_{固土} = A \cdot (X_2 - X_1) \cdot F \qquad (1\text{-}8)$$

式中：$G_{固土}$——实测林分年固土量（吨 / 年）；

　　　X_1——有林地土壤侵蚀模数 [吨 /（公顷·年）]；

X_2——无林地土壤侵蚀模数 [吨 /（公顷·年）]；

A——林分面积（公顷）；

F——森林生态功能修正系数。

（2）年固土价值。由于土壤侵蚀流失的泥沙淤积于水库中，减少了水库蓄积水的体积，根据蓄水成本（替代工程法）计算林分年固土价值，公式为：

$$U_{固土}=A \cdot C_{土} \cdot (X_2-X_1) \cdot F \cdot d / \rho \qquad (1\text{-}9)$$

式中：$U_{固土}$——实测林分年固土价值（元 / 年）；

X_1——有林地土壤侵蚀模数 [吨 /（公顷·年）]；

X_2——无林地土壤侵蚀模数 [吨 /（公顷·年）]；

$C_{土}$——挖取和运输单位体积土方所需费用（元 / 立方米，见附表4）；

ρ——土壤容重（克 / 立方厘米）；

A——林分面积（公顷）；

F——森林生态功能修正系数；

d——贴现率。

2. 保肥指标

（1）年保肥量。林分年保肥量计算公式：

$$G_N=A \cdot N \cdot (X_2-X_1) \cdot F \qquad (1\text{-}10)$$

$$G_P=A \cdot P \cdot (X_2-X_1) \cdot F \qquad (1\text{-}11)$$

$$G_K=A \cdot K \cdot (X_2-X_1) \cdot F \qquad (1\text{-}12)$$

$$G_{有机质}=A \cdot M \cdot (X_2-X_1) \cdot F \qquad (1\text{-}13)$$

式中：G_N——森林固持土壤而减少的氮流失量（吨 / 年）；

G_P——森林固持土壤而减少的磷流失量（吨 / 年）；

G_K——森林固持土壤而减少的钾流失量（吨 / 年）；

$G_{有机质}$——森林固持土壤而减少的有机质流失量（吨 / 年）；

X_1——有林地土壤侵蚀模数 [吨 /（公顷·年）]；

X_2——无林地土壤侵蚀模数 [吨 /（公顷·年）]；

N——森林土壤平均含氮量（%）；

P——森林土壤平均含磷量（%）；

K——森林土壤平均含钾量（%）；

M——森林土壤平均有机质含量（%）；

A——林分面积（公顷）；

F——森林生态功能修正系数。

（2）年保肥价值。年固土量中氮、磷、钾的数量换算成化肥即为林分年保肥价值。林分年保肥价值以固土量中的氮、磷、钾数量折合成磷酸二铵化肥和氯化钾化肥的价值来体现。公式为：

$$U_{肥} = A \cdot (X_2 - X_1) \cdot \left(\frac{N \cdot C_1}{R_1} + \frac{P \cdot C_1}{R_2} + \frac{K \cdot C_2}{R_3} + M \cdot C_3 \right) \cdot F \cdot d \tag{1-14}$$

式中：$U_{肥}$——实测林分年保肥价值（元／年）；

X_1——有林地土壤侵蚀模数［吨／（公顷·年）］；

X_2——无林地土壤侵蚀模数［吨／（公顷·年）］；

N——森林土壤平均含氮量（%）；

P——森林土壤平均含磷量（%）；

K——森林土壤平均含钾量（%）；

M——森林土壤平均有机质含量（%）；

R_1——磷酸二铵化肥含氮量（%）；

R_2——磷酸二铵化肥含磷量（%）；

R_3——氯化钾化肥含钾量（%）；

C_1——磷酸二铵化肥价格（元／吨，见附表4）；

C_2——氯化钾化肥价格（元／吨，见附表4）；

C_3——有机质价格（元／吨，见附表4）；

A——林分面积（公顷）；

F——森林生态功能修正系数；

d——贴现率。

（三）固碳释氧功能

森林与大气的物质交换主要是二氧化碳与氧气的交换，即森林固定并减少大气中的二氧化碳和释放并增加大气中的氧气（图1-9），这对维持大气中的二氧化碳和氧气动态平衡、减少温室效应以及为人类提供生存的基础都有巨大和不可替代的作用。为此本报告选用固碳、释氧2个指标反映森林固碳释氧功能。根据光合作用化学反应式，森林植被每积累1.00克干物质，可以吸收（固定）1.63克二氧化碳，释放1.19克氧气。

1. 固碳指标

（1）植被和土壤年固碳量。植被和土壤年固碳量计算公式：

图 1-9　森林生态系统固碳释氧作用

$$G_{碳} = A \cdot (1.63 R_{碳} \cdot B_{年} + F_{土壤碳}) \cdot F \qquad (1\text{-}15)$$

式中：$G_{碳}$——实测林分年固碳量（吨／年）；

　　　$B_{年}$——实测林分年净生产力［吨／（公顷·年）］；

　　　$F_{土壤碳}$——单位面积林分土壤年固碳量［吨／（公顷·年）］；

　　　$R_{碳}$——二氧化碳中碳的含量，为 27.27%；

　　　A——林分面积（公顷）；

　　　F——森林生态功能修正系数。

公式计算得出森林的潜在年固碳量，再从其中减去由于森林采伐造成的生物量移出从而损失的碳量，即为森林的实际年固碳量。

（2）年固碳价值。林分植被和土壤年固碳价值的计算公式为：

$$U_{碳} = A \cdot C_{碳} \cdot (1.63 R_{碳} \cdot B_{年} + F_{土壤碳}) \cdot F \cdot d \qquad (1\text{-}16)$$

式中：$U_{碳}$——实测林分年固碳价值（元／年）；

　　　$B_{年}$——实测林分净生产力［吨／（公顷·年）］；

　　　$F_{土壤碳}$——单位面积森林土壤年固碳量［吨／（公顷·年）］；

　　　$C_{碳}$——固碳价格（元／吨，见附表 4）；

　　　$R_{碳}$——二氧化碳中碳的含量，为 27.27%；

　　　A——林分面积（公顷）；

　　　F——森林生态功能修正系数；

d——贴现率。

公式得出森林的潜在年固碳价值，再从其中减去由于森林年采伐消耗量造成的碳损失价值，即为森林的实际年固碳价值。

2. 释氧指标

（1）年释氧量。林分年释氧量计算公式：

$$G_{氧气} = 1.19 A \cdot B_{年} \cdot F \tag{1-17}$$

式中：$G_{氧气}$——实测林分年释氧量（吨/年）；

$\quad B_{年}$——实测林分净生产力[吨/（公顷·年）]；

$\quad A$——林分面积（公顷）；

$\quad F$——森林生态功能修正系数。

（2）年释氧价值。林分年释氧价值采用以下公式计算：

$$U_{氧} = 1.19 C_{氧} \cdot A \cdot B_{年} \cdot F \cdot d \tag{1-18}$$

式中：$U_{氧}$——实测林分年释氧价值（元/年）；

$\quad B_{年}$——实测林分年净生产力[吨/（公顷·年）]；

$\quad C_{氧}$——制造氧气的价格（元/吨，见附表4）；

$\quad A$——林分面积（公顷）；

$\quad F$——森林生态功能修正系数；

$\quad d$——贴现率。

（四）林木积累营养物质

森林在生长过程中不断从周围环境吸收氮、磷、钾等营养物质，并储存于体内各器官，这些营养元素一部分通过生物地球化学循环以枯枝落叶形式返还土壤，一部分以树干淋洗和地表径流等形式流入江河湖泊，另一部分以林产品形式输出生态系统，再以不同形式释放到周围环境中。营养元素固定在植物体中，成为全球生物化学循环不可缺少的环节，为此选用林木营养积累指标反映林木积累营养物质功能。

1. 林木营养元素年积累量

林木积累氮、积累磷、积累钾的年积累量计算公式：

$$G_{氮} = A \cdot N_{营养} \cdot B_{年} \cdot F \tag{1-19}$$

$$G_{磷} = A \cdot P_{营养} \cdot B_{年} \cdot F \tag{1-20}$$

$$G_{钾} = A \cdot K_{营养} \cdot B_{年} \cdot F \tag{1-21}$$

式中：$G_氮$——植被固氮量（吨 / 年）；

$\quad\quad G_磷$——植被固磷量（吨 / 年）；

$\quad\quad G_钾$——植被固钾量（吨 / 年）；

$\quad\quad N_{营养}$——林木氮元素含量（%）；

$\quad\quad P_{营养}$——林木磷元素含量（%）；

$\quad\quad K_{营养}$——林木钾元素含量（%）；

$\quad\quad B_年$——实测林分年净生产力 [吨 /（公顷·年）]；

$\quad\quad A$——林分面积（公顷）；

$\quad\quad F$——森林生态功能修正系数。

2. 林木营养年积累价值

采取把营养物质折合成磷酸二铵化肥和氯化钾化肥方法计算林木营养积累价值，计算公式为：

$$U_{营养} = A \cdot B \cdot \left(\frac{N_{营养} \cdot C_1}{R_1} + \frac{P_{营养} \cdot C_1}{R_2} + \frac{K_{营养} \cdot C_2}{R_3} \right) \cdot F \cdot d \tag{1-22}$$

式中：$U_{营养}$——实测林分氮、磷、钾年增加价值（元 / 年）；

$\quad\quad N_{营养}$——实测林木含氮量（%）；

$\quad\quad P_{营养}$——实测林木含磷量（%）；

$\quad\quad K_{营养}$——实测林木含钾量（%）；

$\quad\quad R_1$——磷酸二铵含氮量（%）；

$\quad\quad R_2$——磷酸二铵含磷量（%）；

$\quad\quad R_3$——氯化钾含钾量（%）；

$\quad\quad C_1$——磷酸二铵化肥价格（元 / 吨，见附表4）；

$\quad\quad C_2$——氯化钾化肥价格（元 / 吨，见附表4）；

$\quad\quad B$——实测林分年净生产力 [吨 /（公顷·年）]；

$\quad\quad A$——林分面积（公顷）；

$\quad\quad F$——森林生态功能修正系数；

$\quad\quad d$——贴现率。

（五）净化大气环境功能

近年雾霾天气的频繁、大范围出现，使空气质量状况成为民众和政府部门的关注焦点，大气颗粒物（如 PM_{10}，$PM_{2.5}$）被认为是造成雾霾天气的罪魁祸首出现在人们的视野中。如何控制大气污染、改善空气质量成为科学研究的热点问题。

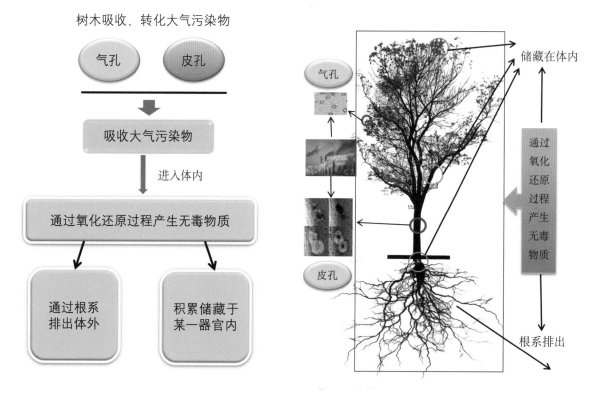

图1-10　树木吸收空气污染物示意

森林能有效吸收有害气体和阻滞粉尘，能够起到净化大气的作用（图1-10）。为此，本报告选取提供负离子、吸收污染物和滞尘3个指标反映森林净化大气环境能力，由于降低噪音指标计算方法尚不成熟，所以本报告中不涉及降低噪音指标。

1. 提供负离子指标

（1）年提供负离子量。林分年提供负离子量计算公式：

$$G_{负离子} = 5.256 \times 10^{15} \cdot Q_{负离子} \cdot A \cdot H \cdot F / L \tag{1-23}$$

式中：$G_{负离子}$——实测林分年提供负离子个数（个/年）；

　　　$Q_{负离子}$——实测林分负离子浓度（个/立方厘米）；

　　　H——林分高度（米）；

　　　L——负离子寿命（分钟）；

　　　A——林分面积（公顷）；

　　　F——森林生态功能修正系数。

（2）年提供负离子价值。国内外研究证明，当空气中负离子达到600个/立方厘米以上时，才能有益人体健康，所以林分年提供负离子价值采用如下公式计算：

$$U_{负离子} = 5.256 \times 10^{15} \cdot A \cdot H \cdot K_{负离子} \cdot (Q_{负离子} - 600) \cdot F \cdot d / L \qquad (1\text{-}24)$$

式中：$U_{负离子}$——实测林分年提供负离子价值（元 / 年）；

$\quad\quad\quad K_{负离子}$——负离子生产费用（元 / 个，见附表4）；

$\quad\quad\quad Q_{负离子}$——实测林分负离子浓度（个 / 立方厘米）；

$\quad\quad\quad L$——负离子寿命（分钟）；

$\quad\quad\quad H$——林分高度（米）；

$\quad\quad\quad A$——林分面积（公顷）；

$\quad\quad\quad F$——森林生态功能修正系数；

$\quad\quad\quad d$——贴现率。

2. 吸收污染物指标

二氧化硫、氟化物和氮氧化物是大气污染物的主要物质（图 1-11），因此，本报告选取森林吸收二氧化硫、氟化物和氮氧化物 3 个指标核算森林吸收污染物的能力。森林对二氧化硫、氟化物和氮氧化物的吸收，可使用面积—吸收能力法、阈值法、叶干质量估算法等。本报告采用面积—吸收能力法核算森林吸收污染物的总量。

（1）吸收二氧化硫。主要计算林分年吸收二氧化硫的物质量和价值量。

① 林分年吸收二氧化硫量计算公式：

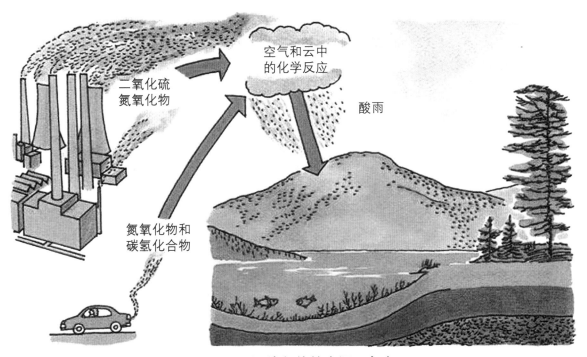

图 1-11　污染气体的来源及危害

$$G_{二氧化硫} = Q_{二氧化硫} \cdot A \cdot F / 1000 \tag{1-25}$$

式中：$G_{二氧化硫}$——实测林分年吸收二氧化硫量（吨／年）；

　　　$Q_{二氧化硫}$——单位面积实测林分年吸收二氧化硫量[千克／（公顷·年）]；

　　　A——林分面积（公顷）；

　　　F——森林生态功能修正系数。

② 林分年吸收二氧化硫价值计算公式如下：

$$U_{二氧化硫} = K_{二氧化硫} \cdot Q_{二氧化硫} \cdot A \cdot F \cdot d \tag{1-26}$$

式中：$U_{二氧化硫}$——实测林分年吸收二氧化硫价值（元／年）；

　　　$K_{二氧化硫}$——二氧化硫的治理费用（元／千克，见附表4）；

　　　$Q_{二氧化硫}$——单位面积实测林分年吸收二氧化硫量[千克／（公顷·年）]；

　　　A——林分面积（公顷）；

　　　F——森林生态功能修正系数；

　　　d——贴现率。

(2) 吸收氟化物。主要计算林分年吸收氟化物物质量和价值量。

① 林分年吸收氟化物量计算公式：

$$G_{氟化物} = Q_{氟化物} \cdot A \cdot F / 1000 \tag{1-27}$$

式中：$G_{氟化物}$——实测林分年吸收氟化物量（吨／年）；

　　　$Q_{氟化物}$——单位面积实测林分年吸收氟化物量[千克／（公顷·年）]；

　　　A——林分面积（公顷）；

　　　F——森林生态功能修正系数。

② 林分年吸收氟化物价值计算公式如下：

$$U_{氟化物} = K_{氟化物} \cdot Q_{氟化物} \cdot A \cdot F \cdot d \tag{1-28}$$

式中：$U_{氟化物}$——实测林分年吸收氟化物价值（元／年）；

　　　$K_{氟化物}$——氟化物治理费用（元／千克，见附表4）；

　　　$Q_{氟化物}$——单位面积实测林分年吸收氟化物量[千克／（公顷·年）]；

　　　A——林分面积（公顷）；

　　　F——森林生态功能修正系数；

　　　d——贴现率。

(3) 吸收氮氧化物。主要计算林分年吸收氮氧化物物质量和价值量。

① 林分年吸收氮氧化物量计算公式：

$$G_{氮氧化物} = Q_{氮氧化物} \cdot A \cdot F / 1000 \tag{1-29}$$

式中：$G_{氮氧化物}$——实测林分年吸收氮氧化物量（吨／年）；

$\qquad Q_{氮氧化物}$——单位面积实测林分年吸收氮氧化物量 [千克／（公顷·年）]；

$\qquad A$——林分面积（公顷）；

$\qquad F$——森林生态功能修正系数。

② 年吸收氮氧化物价值计算公式如下：

$$U_{氮氧化物} = K_{氮氧化物} \cdot Q_{氮氧化物} \cdot A \cdot F \cdot d \tag{1-30}$$

式中：$U_{氮氧化物}$——实测林分年吸收氮氧化物价值（元／年）；

$\qquad K_{氮氧化物}$——氮氧化物治理费用（元／千克，见附表4）；

$\qquad Q_{氮氧化物}$——单位面积实测林分年吸收氮氧化物量 [千克／（公顷·年）]；

$\qquad A$——林分面积（公顷）；

$\qquad F$——森林生态功能修正系数；

$\qquad d$——贴现率。

3. 滞尘指标

森林有阻挡、过滤和吸附粉尘的作用，可提高空气质量，因此滞尘功能是森林生态系统重要的服务功能之一。鉴于近年来人们对 PM_{10} 和 $PM_{2.5}$ 的关注（图1-12），本报告在评估总滞尘量及其价值的基础上，将 PM_{10} 和 $PM_{2.5}$ 从总滞尘量中分离出来进行了单独的物质量和价值量评估。

（1）年总滞尘量。林分年滞尘量计算公式：

$$G_{滞尘} = Q_{滞尘} \cdot A \cdot F / 1000 \tag{1-31}$$

式中：$G_{滞尘}$——实测林分年滞尘量（吨／年）；

$\qquad Q_{滞尘}$——单位面积实测林分年滞尘量 [千克／（公顷·年）]；

$\qquad A$——林分面积（公顷）；

$\qquad F$——森林生态功能修正系数。

（2）年滞尘价值。本报告中，用健康危害损失法计算林分滞纳 PM_{10} 和 $PM_{2.5}$ 的价值。其中 PM_{10} 采用的是治疗因为空气颗粒物污染而引发的上呼吸道疾病的费用，$PM_{2.5}$ 采用的是治疗因为空气颗粒物污染而引发的下呼吸道疾病的费用。林分滞纳其余颗粒物的价值仍选用降尘清理费用计算。

年滞尘价值计算公式如下：

$$U_{滞尘} = (G_{滞尘} - G_{PM_{10}} - G_{PM_{2.5}}) \cdot K_{滞尘} \cdot d + U_{PM_{10}} + U_{PM_{2.5}} \tag{1-32}$$

式中：$U_{滞尘}$——实测林分年滞尘价值（元／年）；

$\quad\quad G_{滞尘}$——单位面积实测林分年滞尘量（千克／年）；

$\quad\quad G_{PM_{10}}$——单位面积实测林分年滞纳 PM_{10} 量（千克／年）；

$\quad\quad G_{PM_{2.5}}$——单位面积实测林分年滞纳 $PM_{2.5}$ 量（千克／年）；

$\quad\quad U_{PM_{10}}$——实测林分年滞纳 PM_{10} 的价值（元／年）；

$\quad\quad U_{PM_{2.5}}$——实测林分年滞纳 $PM_{2.5}$ 的价值（元／年）；

$\quad\quad K_{滞尘}$——降尘清理费用（元／千克，见附表4）；

$\quad\quad d$——贴现率。

4. 滞纳 $PM_{2.5}$

（1）年滞纳 $PM_{2.5}$ 量。

$$G_{PM_{2.5}} = 10 \cdot Q_{PM_{2.5}} \cdot A \cdot n \cdot F \cdot LAI \tag{1-33}$$

式中：$G_{PM_{2.5}}$——实测林分年滞纳 $PM_{2.5}$ 量（千克／年）；

$\quad\quad Q_{PM_{2.5}}$——实测林分单位叶面积滞纳 $PM_{2.5}$ 量（克／平方米）

$\quad\quad A$——林分面积（公顷）；

$\quad\quad F$——森林生态功能修正系数；

$\quad\quad n$——年洗脱次数；

$\quad\quad LAI$——叶面积指数。

（2）年滞纳 $PM_{2.5}$ 价值。

$$U_{PM_{2.5}} = C_{PM_{2.5}} \cdot G_{PM_{2.5}} \cdot d \tag{1-34}$$

式中：$U_{PM_{2.5}}$——实测林分年滞纳 $PM_{2.5}$ 价值（元／年）；

$\quad\quad G_{PM_{2.5}}$——实测林分单位叶面积滞纳 $PM_{2.5}$ 量（千克／年）；

$\quad\quad C_{PM_{2.5}}$——由 $PM_{2.5}$ 所造成的健康危害经济损失（元／千克）；

$\quad\quad d$——贴现率。

5. 滞纳 PM_{10}

（1）年滞纳 PM_{10} 量。

$$G_{PM_{10}} = 10 \cdot Q_{PM_{10}} \cdot A \cdot n \cdot F \cdot LAI \tag{1-35}$$

式中：$G_{PM_{10}}$——实测林分年滞纳 PM_{10} 量（千克／年）；

$\quad\quad Q_{PM_{10}}$——实测林分单位叶面积滞纳 PM_{10} 量（克／平方米）

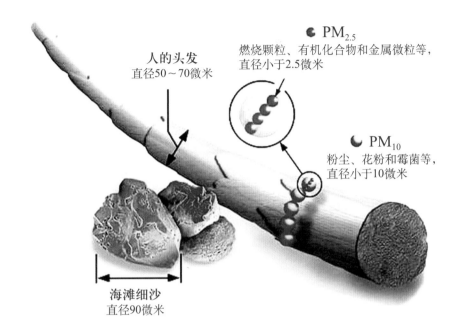

人的头发
直径50～70微米

PM$_{2.5}$
燃烧颗粒、有机化合物和金属微粒等，
直径小于2.5微米

PM$_{10}$
粉尘、花粉和霉菌等，
直径小于10微米

海滩细沙
直径90微米

图 1-12　PM$_{2.5}$、PM$_{10}$ 等颗粒直径示意图

A——林分面积（公顷）；

F——森林生态功能修正系数；

n——年洗脱次数；

LAI——叶面积指数。

（2）年滞纳 PM$_{10}$ 价值。

$$U_{PM_{10}} = C_{PM_{10}} \cdot G_{PM_{10}} \cdot d \tag{1-36}$$

式中：$U_{PM_{10}}$——实测林分年滞纳 PM$_{10}$ 价值（元 / 年）；

　　　$G_{PM_{10}}$——实测林分年滞纳 PM$_{10}$ 量（千克 / 年）；

　　　$C_{PM_{10}}$——由 PM$_{10}$ 所造成的健康危害经济损失（元 / 千克）；

　　　d——贴现率。

（六）生物多样性保护价值

生物多样性维护了自然界的生态平衡，并为人类的生存提供了良好的环境条件。生物多样性是生态系统不可缺少的组成部分，对生态系统服务的发挥具有十分重要的作用。Shannon-Wiener 指数是反映森林中物种的丰富度和分布均匀程度的经典指标。传统 Shannon-Wiener 指数对生物多样性保护等级的界定不够全面。本次报告增加濒危指数、特有种指数

以及古树年龄指数对生物多样性保育价值进行核算。

修正后的生物多样性保护功能核算公式如下：

$$U_{总} = \left(1 + 0.1 \sum_{m=1}^{x} E_m + 0.1 \sum_{n=1}^{y} B_n + 0.1 \sum_{r=1}^{z} O_r \right) \cdot S_1 \cdot A \cdot d \tag{1-37}$$

式中：$U_{总}$——实测林分年生物多样性保护价值（元／年）；

　　　E_m——实测林分或区域内物种 m 的濒危指数（表 1-1）；

　　　B_n——实测林分或区域内物种 n 的特有种指数（表 1-2）；

　　　O_r——实测林分或区域内物种 r 的古树年龄指数（表 1-3）；

　　　x——计算濒危指数物种数量；

　　　y——计算特有种指数物种数量；

　　　z——计算古树年龄指数物种数量；

　　　S_1——单位面积物种多样性保护价值量 [元／（公顷·年）]（附表 4）；

　　　A——林分面积（公顷）；

　　　d——贴现率。

本报告根据 Shannon-Wiener 指数计算生物多样性保护价值，共划分 7 个等级，即：

当指数 <1 时，S_1 为 3000 [元／（公顷·年）]；

当 $1 \leqslant$ 指数 < 2 时，S_1 为 5000 [元／（公顷·年）]；

当 $2 \leqslant$ 指数 < 3 时，S_1 为 10000 [元／（公顷·年）]；

当 $3 \leqslant$ 指数 < 4 时，S_1 为 20000 [元／（公顷·年）]；

当 $4 \leqslant$ 指数 < 5 时，S_1 为 30000 [元／（公顷·年）]；

当 $5 \leqslant$ 指数 < 6 时，S_1 为 40000 [元／（公顷·年）]；

当指数 $\geqslant 6$ 时，S_1 为 50000 [元／（公顷·年）]。

再通过价格折算系数将 2008 年价格折算至 2014 年现价。

表 1-1　物种濒危指数体系

濒危指数	濒危等级	物种种类
4	极危	参见《中国物种红色名录（第一卷）：红色名录》
3	濒危	
2	易危	
1	近危	

表 1-2　特有种指数体系

特有种指数	分布范围
4	仅限于范围不大的山峰或特殊的自然地理环境下分布
3	仅限于某些较大的自然地理环境下分布的类群，如仅分布于较大的海岛（岛屿）、高原、若干个山脉等
2	仅限于某个大陆分布的分类群
1	至少在 2 个大陆都有分布的分类群
0	世界广布的分类群

注：参见《植物特有现象的量化》（苏志尧，1999）。

表 1-3　古树年龄指数体系

古树年龄	指数等级	来源及依据
100～299年	1	参见全国绿化委员会、国家林业局文件《关于开展古树名木普查建档工作的通知》
300～499年	2	
≥500年	3	

（七）森林游憩价值

森林游憩是指森林生态系统为人类提供休闲和娱乐场所所产生的价值，包括直接价值和间接价值，采用林业旅游与休闲产值替代法进行核算。主要包括贺兰山国家森林公园年游客量（近三年）22 万人次，各项消费总计 3000 万元；宁夏银川市贺兰山滚钟口风景区年游客量(近三年)15 万人次，各项消费总计 750 万元；贺兰山岩画遗址公园年游客量（近三年）30 万人次，各项消费总计 1300 万元。森林游憩相关价值合计为 5050 万元 / 年。

（八）宁夏贺兰山自然保护区森林生态服务总价值评估

宁夏贺兰山自然保护区森林生态服务总价值为上述各分项生态系统服务价值之和，计算式为：

$$U_I = \sum_{i=1}^{21} U_i \tag{1-38}$$

式中：U_I——宁夏贺兰山自然保护区森林生态系统服务年总价值（元 / 年）；

U_i——宁夏贺兰山自然保护区森林生态系统服务各分项年价值（元 / 年）。

第二章
宁夏贺兰山自然保护区
自然资源概况

第一节　自然地理概况

一、地理位置

贺兰山纵峙于阿拉善高原的南缘，是一条东北—西南走向、微呈弧形的条带状山地。东坡属宁夏管辖，西坡属内蒙古管辖，宁夏贺兰山自然保护区位于贺兰山山脉东坡的北段和中段，地跨银川市永宁县、西夏区、贺兰县，石嘴山市平罗县、大武口区、惠农区，北起麻黄沟，南至三关口，西到分水岭，东至沿山脚下（Liu et al., 2010）。地理坐标为东经105°49′~106°41′，北纬38°19′~39°22′。南北长约175千米，东西宽20~40千米，保护区面积1935.36平方千米（图2-1）。

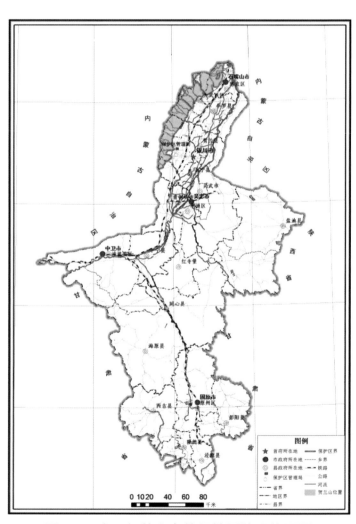

图2-1　宁夏贺兰山自然保护区地理位置图
（引自"宁夏贺兰山国家级自然保护区综合科学考察"）

二、地质地貌

贺兰山为一地垒式山地，山地东西麓均有巨大的山前隐伏断裂。其地质基础是由一系列南北走向的复式或单式褶皱及压性断裂带构成的径向构造体系，与南部的牛首山褶断带、清水河—六盘山褶断带、罗山—云雾山隆起带等构成"祁吕贺"山字形的脊部，构造行迹是一系列背向斜的断层，由于新华夏系的干扰，其表现比较破碎（Pang et al.，2013）。

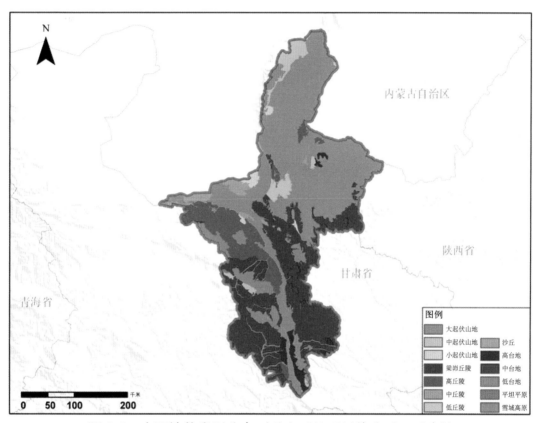

图 2-2　宁夏地貌类型分布（引自"地理国情监测云平台"）

贺兰山在地貌形态上呈东仰西倾，形成东坡有众多古老岩层出露的断崖，岩石壁立，远比西坡陡峭险峻。由于内外营力作用的差异，使贺兰山北、中段在地貌形态上存在着很大的不同（Liu et al.，2017）。北段东坡山体最宽处 21 千米，海拔不超过 2000 米，主要由花岗岩组成，边际有少量沉积岩，物理风化强烈，形成球状风化地貌。北部接近乌兰布和沙漠。中段是贺兰山主体部分，海拔 3000 米左右山体均分布此段，平均相对高差 1500 米，最大相对高差达 2000 米，保护区山体庞大，地势陡峻，峰峦起伏，峭岩危耸，沟谷下切很深。海拔 2000 米上下有一段相对较平缓的山坡，出现小型山沟洼地或山间台地，山坡风化物较厚，甚至出现小型山间积水洼地。中段东坡南狭北宽，最宽处 21 米，以苏峪口为界，向南宽度不足 14 千米，山势较为缓和；向北则山体较宽，一般大于 14 千米，到汝箕沟一带可达 20 余千米。这是古生界末期以后中生代的地层发育，有优质煤炭资源（图 2-2）。

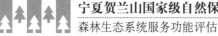

保护区地形特点是南缓北陡，起伏大，多悬崖，沟谷狭窄。贺兰山东坡沟道极为发育，多数自西向东延伸，呈梳篦状分布，自三关口至麻黄沟之间，有沟道 30 余条（Li et al.，2014），概属黄河水系的外流区，其中最大者为大武口沟，集水面积为 574 平方千米。沟道一般在中、上部下切较深，呈"V"字形，沟道下部则较为宽阔，砾石遍布谷底。

三、气候条件

宁夏贺兰山自然保护区深居内陆，是半荒漠草原与荒漠之间的分界线，具有典型的大陆性气候特征。全年干旱少雨，寒暑变化强烈，日照强，无霜期短。因其海拔高，又具有山地气候的特点，垂直分布明显。贺兰山南北段基带的年平均温度差别不大，但从基带向高山则表现出明显的递减，由下部的 8.5℃降至 2900 米的 -0.8℃，平均每升高 100 米，温度下降 0.62℃。保护区内年平均气温 -0.8℃（2900 米处），极端最高温度 25.2℃，极端最低温度 -31℃（图 2-3）。

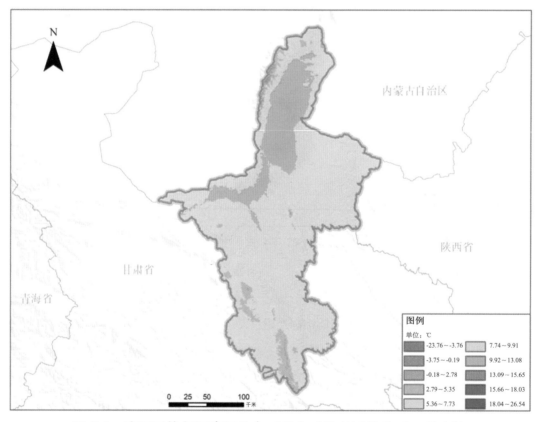

图 2-3　宁夏平均气温空间分布（引自"地理国情监测云平台"）

贺兰山日照充足，热量资源比较丰富，年平均日照在 3000 小时以上，无霜期 128～175天。贺兰山的降水量具有明显的垂直分布现象，平均每上升 100 米，降水量增加 13.2 毫米。年平均降水量在 200～400 毫米之间，降水的年内分配也极不均匀，全年降水量主要集中在

7~9月份，占全年降水量的60%。年蒸发量在2000毫米以上，由于与降水量的差值巨大，因而空气干燥。

保护区内多风且风速较大，山体上部尤为突出，由于两山之间易造成狭管效应而增大风力，导致该地区多大风和沙尘暴危害，一般刮7~8级大风的日数平均每年有24天左右（图2-4）。

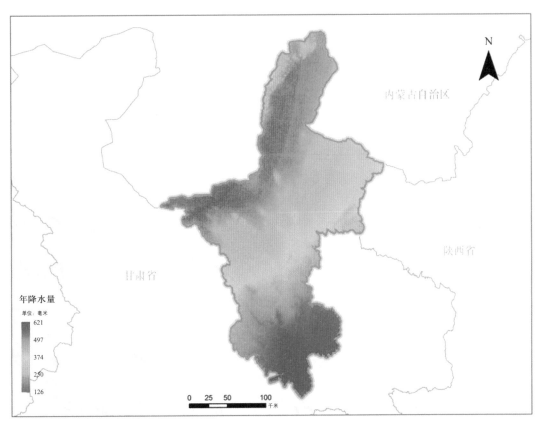

图2-4　宁夏平均降水量空间分布（引自"地理国情监测云平台"）

四、水文状况

贺兰山的水文跨及过渡带、干旱严重、干旱三个水文带，东麓水系属黄河水系黄河上游下段宁夏黄河左岸分区，水资源比较贫乏，贺兰山东坡水的径流量为7120万立方米，年径流系数为0.12~0.15，径流深度的平均值仅22.4毫米，这有限的地表水资源在区内的分配极不均匀。7120万立方米的地表径流中常流水占40.5%，为2550万立方米，其平均径流深度10.8毫米。在乱石堆积、植被郁闭的沟谷中常流水处于地表以下0.5~1.0米，呈潜流状态，往往在地形突然变化时露出地表。中段上游地区，山高地寒，降水多而蒸发相对低，又有基岩裂隙水补给，常流水丰富，形成许多大小不等的跌水、小瀑布奔流下泻。植被稀疏的汝箕沟、大武口沟一带，地表径流深度大于中段，但常流水的径流深度却小于中段，仅为中段的69%和38%（图2-5）。

　　贺兰山的土壤含水量因植被状况不同而有很大变化。植被覆盖度最好的中段插旗口沟平均含水量为 10.4%，由此向北和向南呈递减趋势。

　　贺兰山暴雨通常发生在 7~8 月，暴雨期常常出现洪水，大面积发生洪水的情况比较少，局部地区或沟道发生的较多，一般系峰高量小，历时短，涨落急剧。据记载，1853 年、1902 年、1975 年、1984 年和 1998 年都曾发生过大洪水。贺兰山东麓坡面侵蚀主要来自暴雨冲刷，年平均输沙量为 176 万吨，其侵蚀模数较大的区段为大武口沟流域一带，年侵蚀模数平均值为 1000 吨/平方千米以上，中段的苏峪口、插旗口一带则为 500 吨/平方千米左右。

　　贺兰山东坡大多数沟道，特别在中段，沟道水质很好，pH 值在 7.5 左右，矿化度不高，为轻度软水或适度硬水，适宜饮用。北段沟道水质状况复杂，除少量可饮用水外，大部分沟道或区段水质较差，仅可供林牧业和农田灌溉用。

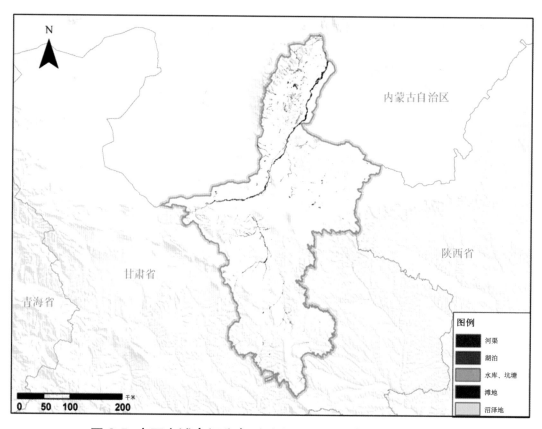

图 2-5　宁夏水域空间分布（引自"地理国情监测云平台"）

五、土壤条件

　　土壤是各成土因素综合作用下的产物，因而土壤都有着与其成土环境相适应的空间地理位置和空间分布格局。例如，既有与气候类型和生物（植被类型）相适应呈广域分布的地带性规律，包括水平地带（纬度的和经度的）和垂直地带性（正向的和负向的）；又有因地质、地貌、水文条件和人类活动的影响而形成的区域性规律。贺兰山主体自山麓到岭峰，相对高差 2000 米左右，主峰 3556 米。随山体从基带到主峰的气候、植被垂直带为：基带降水量 200 毫米以下的山前地带是珍珠或红沙—丛生禾草草原化荒漠带—山麓降水量 200 毫米左右，以短花针茅为建群种的山麓荒漠草原。低山海拔 2000～2500 米，降水量 300～350 毫米为云杉林—山杨林或云杉林—草类林为代表的山地针叶林、山地针阔混交林带。山地海拔 2400～2700 米，降水量 350～450 毫米为典型山地阴暗针叶林带；2700～3000 毫米、降水量 400～450 毫米的亚高山带，为具高山灌丛的云杉林亚带；3000 米以上高山带，降水量 450～600 毫米，植被为鬼箭锦鸡儿、高山柳。随着气候与植被垂直带相应出现的土壤垂直带为山前淡棕钙土亚带—山麓棕钙土亚带—低山石灰性灰褐土亚带—山地钙质灰褐土亚带—山地淋溶灰褐土亚带—亚高山、高山灌丛草甸土带。从大的土壤带可简化为棕钙土—灰褐土—高山灌丛草甸土三个带；从山麓到岭峰分布有五个土纲，分别是高山土纲、半淋溶土纲、干旱土纲、初育土纲和漠土纲（表 2-1，图 2-6）。

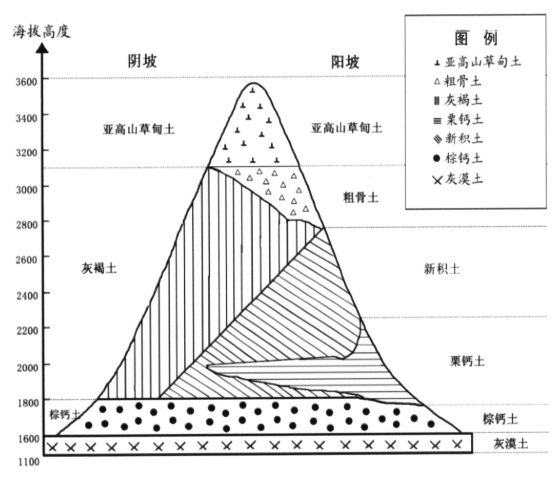

图 2-6 贺兰山土壤垂直分布
（引自"宁夏贺兰山国家级自然保护区综合科学考察"）

表2-1　贺兰山土壤特征

土纲	土类	亚类	土属	分布位置
高山土	亚高山草甸土	亚高山草甸土	粗质亚高山草甸土	海拔3100米以上的山顶部位
半淋溶土	灰褐土	普通灰褐土	粗质普通灰褐土	海拔3100~2400米的阴坡、半阳坡山地
			细质普通灰褐土	
		石灰性灰褐土	粗质石灰性灰褐土	海拔2400~1900米的阴坡、半阳坡山地
			细质石灰性灰褐土	
干旱土	灰钙土	普通灰钙土	粗骨普通灰钙土	海拔1900~1400米的山地和坡地
			粗质普通灰钙土	
初育土	粗骨土	钙质粗骨土	钙质粗骨土	海拔1400米以下的山麓、阴坡及半阳坡地
漠土	灰漠土	钙质灰漠土	钙质灰漠土	石嘴山市落石滩一带的洪积扇及高阶地

六、动植物资源

宁夏贺兰山自然保护区的野生动物在地理区划上属于蒙新区西部荒漠亚区的东端，除与东部草原亚区相邻外，还与青藏区、华北区相距不远，因而动物区系成分混杂，属于温带草原—森林草原—半荒漠动物群落，具有华北区、蒙新区的特点，主要以蒙新区特点为主(王新谱,2010)。据调查，贺兰山保护区分布有脊椎动物5纲24目56科139属218种(图2-7)，其中鱼纲1目2科2属2种，两栖纲1目2科2属3种，爬行纲2目6科9属14种，鸟纲14目31科81属143种，哺乳纲6目15科45属56种。已鉴定出昆虫有1025种，隶属18目165科700属，其中有宁夏新记录280种。优势目是鞘翅目、鳞翅目、半翅目、双

图2-7　岩羊和北红尾鸲

翅目和直翅目，5 个目的科数占总科数的 62.4%，鞘翅目、半翅目、双翅目的种数占总种数 74.5%（刘振生，2009）。

贺兰山地质历史比较悠久，山地自然条件和植物区系组成复杂多样，形成了山地丰富多样的植被类型（图 2-8）。可划分为 11 个植被型，69 个群系。贺兰山海拔较高植被垂直分异明显且带谱复杂（梁存柱，2012）。按植被型可划分成 4 个植被垂直带：山前荒漠与荒漠平原带—山麓与低山草原、灌丛带—中山针叶林带—高山或亚高山灌丛、草甸带（表 2-2）。经调查，宁夏贺兰山自然保护区记录到野生维管植物 84 科 329 属 647 种 17 个变种。其中蕨类植物 10 科 10 属 16 种；裸子植物 3 科 5 属 7 种；被子植物 71 科 314 属 624 种 17 个变种。被子植物中有双子叶植物 61 科 248 属 476 种 17 个变种；单子叶植物 10 科 66 属 148 种。维管植物种类以菊科（Compositae）和禾本科（Gramineae）最多，其次是豆科（Fabaceae）、蔷薇科（Rosaceae）、藜科（Chenopodiaceae）、毛茛科（Ranunculaceae）、莎草科（Cyperaceae）、十字花科（Cruciferae）、石竹科（Caryophyllacea）、百合科（Liliaceae）。前 20 科共有 234 属 489 种，占全部属的 71.1%，全部种的 77.1%；其余 64 科仅 95 属 148 种。此外，贺兰山还分布有苔藓植物 30 科 81 属 204 种（包括种以下单位，下同），贺兰山东坡共有 26 科 65 属 142 种，西坡共有 27 科 67 属 162 种，其中苔类 7 科 9 属 11 种，藓类植物 23 科 72 属 193 种；大型真菌 259 种，隶属于 16 目 32 科 81 属。其中"贺兰山紫蘑菇"以其个体硕大、味道鲜美、口感纯正，气味醇香，营养丰富，被誉为"贺兰山珍"，深受人们喜爱，享誉国内外（白学良，2010）。

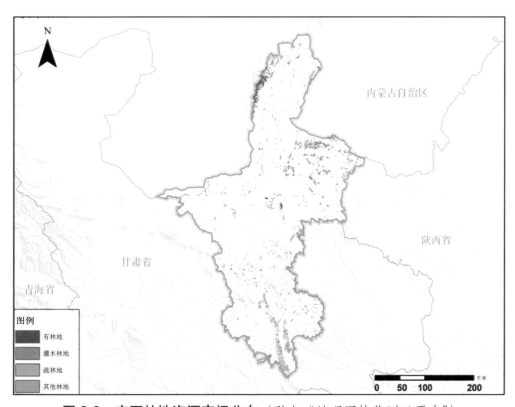

图 2-8　宁夏林地资源空间分布（引自"地理国情监测云平台"）

表2-2　宁夏贺兰山自然保护区主要植物种类

植被型	分布	主要群系	植被垂直带
寒温性针叶林	海拔2400～3100米山地阴坡	云杉林	中山针叶林带
温性针叶林	海拔1950～2350米	油松林、杜松林	中山针叶林带
针阔混交林	海拔2350～3100米	云杉林+山杨混交林	中山针叶林带
	海拔1900～2350米	油松+山杨混交林	
落叶阔叶林	海拔2400～2700米半阳坡或半阴坡	山杨林、白桦林、丁香林	中山针叶林带
疏林	海拔2000～2500米干燥阳坡	灰榆以及少量的杜松疏林	中山针叶林带
常绿针叶灌木	海拔2500～2700米的半阳坡、半阴坡	叉子圆柏、杜松灌丛	中山针叶林带高山或亚高山灌丛、草甸带
落叶阔叶灌木	海拔3000～3500米的山巅	高寒落叶阔叶灌木	高山或亚高山灌丛、草甸带和山麓与低山草原、灌丛带
	海拔（2700）2800～3000米山地较陡阳坡	寒温落叶阔叶灌木	
	海拔1800～2700米的阳坡、半阳坡及沟谷	温性落叶阔叶灌木	
旱生灌木	海拔较低的山坡、沟谷或陡坡	班子麻黄灌木、蒙古扁桃灌木、甘蒙锦鸡儿灌木、荒漠鸡儿灌木、内蒙野丁香灌木、贺兰山女蒿矮灌木等	山麓与低山草原、灌丛带
草原	海拔2400～1600米阳坡、半阳坡	草甸草原	山麓与低山草原、灌丛带
	海拔1500～2400米各类山坡、沟谷	典型草原	
	海拔1200～1600米山坡	荒漠草原	
荒漠	海拔1100～1500米山前坡地及南北段的低山带	珍珠猪毛菜、红砂、长叶红砂霸王等	山前荒漠与荒漠平原带
草甸	海拔3000～3500米山巅及山脊附近较平坦处	嵩草、矮生嵩草、高山嵩草等	高山或亚高山灌丛、草甸带

七、旅游资源

　　贺兰山纵卧于宁夏大地，飞峙于黄河之滨，延伸200余千米，素有"朔方之保障，沙漠之咽喉"之称，是历代兵家必争之地。贺兰山以风景清幽而出名，中段山体高大，海拔多在2000～3500米上下，峰峦叠嶂、沟谷深邃、植被茂密。尤其夏秋季节，山花烂漫，姹紫嫣红，特有的白樱桃尤为珍贵。在海拔2000米以上的阴坡上有成片的油松林、云杉林，杂有山杨、杜松、白桦、山柳傲然挺立。夜宿山中，"万壑松涛"犹如钱塘怒潮汹涌澎湃，秋初至仲春，"贺兰晴雪"也是塞上古今奇景。

　　贺兰山风景名胜区自然、人文景观融为一体，有贺兰山国家森林公园、滚钟口、拜寺

图 2-9　三关口长城和贺兰山岩画

口双塔、贺兰山岩画及山麓明代长城、西夏王陵等著名的文化遗迹（图 2-9），点缀青山绿水，恰如锦上添花。悠悠岁月，沧海桑田，历史上曾有多少文人墨客留下了赞叹贺兰山钟灵神秀的篇章诗句，而"贺兰三月花似锦，红装晴日气象新。千年沉睡方醒目，喜看今朝风流人"。这首诗凝练地描绘了贺兰山的秀丽风光和悠久历史，也反映了宁夏人民"装点此关山，今朝更好看"的满怀激情。

第二节　社会经济概况

一、行政区划、人口、交通状况

宁夏贺兰山自然保护区东部的银川平原，是宁夏经济社会最为发达的地区之一。截止 2014 年底，沿山地区及保护区内分布着银川、石嘴山两市，永宁县、贺兰县、平罗县、西夏区、惠农区、大武口区六县区，共计 33 个乡（镇），22 个街道办事处，197 个居委会，总面积 9062.34 平方千米。

随着沿山及保护区内社会经济的蓬勃发展，沿山及保护区交通四通八达。公路主要有横贯南北的 110 国道，纵横东西的平汝等级公路，银巴等级公路以及多条城市、乡村、旅游景区出入口道路、路网格局基本形成。铁路有包兰铁路干线和平汝专用支线，其中，包兰线（宁夏段）409.59 千米（复线 65.59 千米）；平汝支线 81.47 千米；银新线 10.75 千米。

二、机构设置

宁夏贺兰山自然保护区实行局、站、点三级管理体制，直属自治区林业局领导。管理局设有办公室、科研科、宣传教育科、计划财务科、林政资源保护科、森林防火科 6 个科室，以及马莲口、苏峪口、大水沟、红果子和石嘴山 5 个管理站、24 个护林点和 2 个林政管理办公室（石炭井、汝箕沟）。核定编制 151 人。

专业技术岗位中，有高级工程师 8 人，工程师 10 人，助理工程师 7 人。专业技术队伍中，大学学历 18 人，大专学历 10 人。

三、经济发展情况

据 2015 年《宁夏统计年鉴》，截止到 2014 年年底，沿山区生产总值 1855.89 亿元，较上年增长 6.9%。其中，第一产业增加值为 222.98 亿元，增幅 4.5%，第二产业增加值为 1264.95 亿元，增幅 12.5%，第三产业增加值为 1077.12 亿元，增幅为 7.5%。按常住人口计算，人均生产总值为 39420 元，增幅 8.6%。完成全社会固定资产投资 2681.14 亿元，同比增长 27.1%。居民消费价格总水平比上年上涨 3.4%。

宁夏贺兰山沿山地区经济以农业为主，据统计，沿山地区共有耕地面积 11.6 万公顷，人均耕地面积 0.1 公顷，人均粮食产量 709.4 千克。1999 年完成农业生产总值 24.37 亿元，其中种植业占农业年生产总值的 70.8%，林业占 0.5%，牧业占 24.9%，渔业占 3.8%。农林牧渔商品产值 153.83 亿元，其中，种植业占 67.56%，林业占 0.20%，牧业占 26.91%，渔业占 5.33%。乡村劳动力为 34.3 万人，其中就业于农林牧渔业的占 81.46%，就业于工业的占 4.44%，就业于建筑业的占 3.65%，就业于交通运输业的占 3.74%。

第三节 森林资源概况

宁夏贺兰山自然保护区总面积为 193535.67 公顷，森林面积为 27609.00 公顷，包括乔木林 18635.3 公顷，灌木林地 8973.7 公顷，森林覆盖率为 14.30%，活立木蓄积量为 132.13 万立方米。宁夏贺兰山自然保护区共辖 5 个管理站，其中，石嘴山管理站所辖面积最大，为 63475.74 公顷；苏峪口管理站面积最小，为 16225.25 公顷；保护区内 5 个管理站林地经营面积详见表 2-3。

表 2-3 宁夏贺兰山自然保护区及 5 个管理站林地经营面积统计

单位：公顷

管理站	有林地	灌木林地	疏林地	宜林荒山	合计
红果子	328.63	1171.44	986.95	27421.05	29908.07
石嘴山	1304.70	2343.89	1415.25	58411.89	63475.73
大水沟	7225.28	3093.59	4485.06	24424.75	39228.68
苏峪口	3594.18	427.98	419.54	11783.55	16225.25
马莲口	6182.51	1936.80	786.62	35792.01	44697.94
总计	18635.30	8973.70	8093.42	157833.25	193535.67

贺兰山由于海拔较高，相对高差大，主峰已进入高山范围，因此山地植被垂直分异明显，带谱比较复杂。按植被型，可划分成 4 个植被垂直带：山前荒漠与荒漠草原—山麓与低山草原—中山针叶林带—高山、亚高山灌丛、草甸带。在各垂直带中，有的还可以再划分出 2～3 个垂直亚带，如草原带中可以划出山麓荒漠草原亚带和中低山典型草原亚带。在针叶林带中，可以划出中山下部温性针叶林（油松林）亚带和寒温性针叶林（云杉林）亚带。进入亚高山范围(2800～3100 米)还可以划分出含高寒灌木的亚高山针叶林(云杉林)亚带(图2-10)。

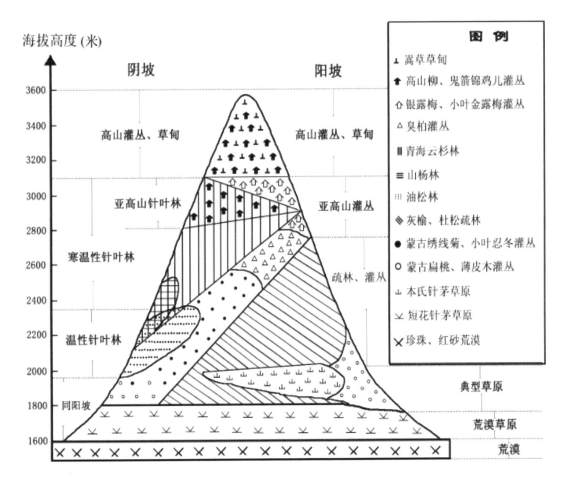

图 2-10 贺兰山植被垂直分布
(引自"宁夏贺兰山国家级自然保护区综合科学考察")

一、优势树种（组）结构

在相关的森林资源规划设计调查技术细则中，乔木林、疏林按蓄积量组成比重确定小班的优势树种（组）。一般情况下，按该树种（组）蓄积占小班总蓄积 65% 以上确定，未达到起测胸径的幼龄林、未成林地，按株数组成比例确定。宁夏贺兰山自然保护区 5 个管理站优势树种（组）见表 2-4。宁夏贺兰山自然保护区 5 个管理站优势树种（组）面积见表 2-5，其优势树种（组）面积比例见图 2-11。

表2-4　宁夏贺兰山自然保护区5个管理站优势树种（组）

管理站	优势树种（组）
红果子	灰榆林、山杨林、新疆杨林、刺槐林、灌木林
石嘴山	云杉林、油松林、灰榆林、山杨林、针阔混交林、经济林、灌木林
大水沟	云杉林、油松林、山杨林、灰榆林、硬阔类（刺槐）、杜松林、针阔混交林、灌木林
苏峪口	云杉林、油松林、灰榆林、山杨林、硬阔类（刺槐）、柳树林、针阔混交林、经济林、灌木林
马莲口	云杉林、油松林、灰榆林、杜松林、山杨林、硬阔类（刺槐）、针阔混交林、经济林、灌木林

表2-5　宁夏贺兰山自然保护区优势树种（组）面积、蓄积量统计

单位：公顷，立方米，%

起源	优势树种（组）	数据		比重	起源	优势树种（组）	数据		比重
天然林	小计	面积	27537.47	99.75	人工林	小计	面积	71.53	0.25
		蓄积量	1320134.41	99.91			蓄积量	1209.97	0.09
	云杉林	面积	7330.08	26.55		云杉林	面积	——	——
		蓄积量	709275.32	53.67			蓄积量	——	——
	油松林	面积	2048.31	7.42		油松林	面积	——	——
		蓄积量	198014.56	14.98			蓄积量	——	——
	杜松林	面积	11.83	0.04		杜松林	面积	——	——
		蓄积量	81.85	0.01			蓄积量	——	——
	灰榆林	面积	3648.34	13.22		灰榆林	面积	——	——
		蓄积量	——	——			蓄积量	——	——
	硬阔类（刺槐）	面积	——	——		硬阔类（刺槐）	面积	21.52	0.08
		蓄积量	——	——			蓄积量	483.28	0.04
	山杨林	面积	912.18	3.31		山杨林	面积	——	——
		蓄积量	38880.65	2.95			蓄积量	——	——
	新疆杨林	面积	——	——		新疆杨林	面积	0.58	<0.01
		蓄积量	——	——			蓄积量	55.29	<0.01
	柳树	面积	——	——		柳树林	面积	22.38	0.08
		蓄积量	——	——			蓄积量	671.4	0.05
	针阔混交林	面积	4613.03	16.71		针阔混交林	面积	——	——
		蓄积量	373882.03	28.29			蓄积量	——	——
	经济林	面积	——	——		经济林	面积	27.05	0.09
		蓄积量	——	——			蓄积量	——	——
	灌木林	面积	8973.70	32.50		灌木林	面积	——	——
		蓄积量	——	——			蓄积量	——	——
合计		面积	27609.00		比重		面积	100.00	
		蓄积量	1321344.38				蓄积量	100.00	

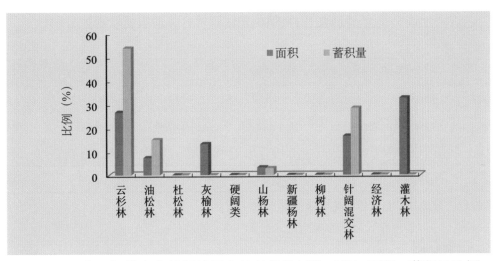

图 2-11 宁夏贺兰山自然保护区森林各优势树种（组）面积、蓄积量比例

二、林龄结构

宁夏贺兰山自然保护区乔木林面积 18635.30 公顷。其中，中龄林面积最大，为 13521.38 公顷，占乔木林总面积的 72.56%；中龄林蓄积量也最大，为 1087243.70 立方米，占乔木林总蓄积量的 82.28%。

乔木林的林龄组根据优势树种（组）的平均年龄确定，分为幼龄林、中龄林、近熟林、成熟林及过熟林。宁夏贺兰山自然保护区乔木林各林龄组面积、蓄积量如表 2-6 所示，宁夏贺兰山自然保护区乔木林各林龄组面积、蓄积比例如图 2-12 所示。

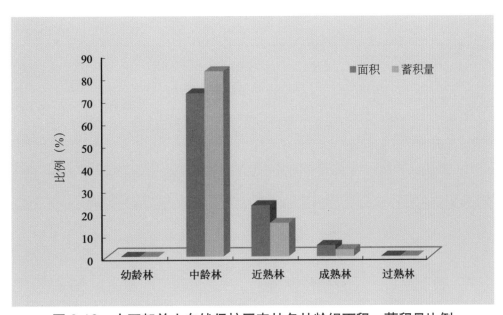

图 2-12 宁夏贺兰山自然保护区森林各林龄组面积、蓄积量比例

表2-6　宁夏贺兰山自然保护区森林各林龄组面积统计

单位：公顷，立方米，%

	合计	幼龄林	中龄林	近熟林	成熟林	过熟林
面积	18635.30	—	13521.38	4211.28	900.92	1.72
比重	100.00	—	72.56	22.60	4.83	0.01
蓄积量	1321344.38	—	1087243.70	195132.85	38906.79	61.04
比重	100.00	—	82.28	14.77	2.94	0.01

注：各林龄组统计面积不包括经济林和灌木林面积。

三、起源结构

根据森林起源的不同，可分为天然林和人工林，面积、蓄积量及所占比重如表2-7所示。

表2-7　宁夏贺兰山自然保护区森林起源的面积、蓄积量及比重

单位：公顷，立方米，%

起源	面积	比重	蓄积量	比重
合计	27609.00	100	1321344.38	100
天然林	27534.75	99.75	1320134.41	99.91
人工林	71.53	0.25	1209.97	0.09

宁夏贺兰山自然保护区森林生态系统服务功能物质量评估

森林生态系统服务物质量评估主要是从物质量角度对森林生态系统所提供的各项服务进行定量评估，依据中华人民共和国林业行业标准《森林生态系统服务功能评估规范》（LY/T 1721—2008），本章将对宁夏贺兰山自然保护区森林生态系统服务功能物质量开展评估研究，研究宁夏贺兰山自然保护区森林生态系统服务功能的特征。

第一节 宁夏贺兰山自然保护区森林生态系统服务功能物质量评估结果

通过评估得出宁夏贺兰山自然保护区森林涵养水源功能、保育土壤功能、固碳释氧功能、林木积累营养物质功能、净化大气环境功能等 5 个方面 18 个分项生态系统服务功能的物质量结果如表 3-1 所示。

一、涵养水源功能

宁夏是我国水资源严重匮乏的地区之一，社会经济发展用水主要依赖限量分配的黄河水资源。多年平均降水不足黄河流域平均值的 2/3 和全国的 1/2，多年平均年径流深是全国均值的 1/15，属严重的资源型缺水地区，尤其是北部引黄灌区降雨量仅 179 毫米（宁夏回族自治区水利厅,2015）。《2015 年宁夏回族自治区水资源公报》显示，宁夏水资源总量为 9.16 亿立方米，其中，天然地表水资源量为 7.09 亿立方米，地下水资源量为 20.88 亿立方米，地下水资源与地表水资源之间的重复计算为 18.81 亿立方米（宁夏回族自治区水利厅，2015）。青铜峡水库位于宁夏回族自治区青铜峡市，建于黄河上游的最后一道峡谷青铜峡上，是一座以灌溉、发电为主，兼顾防洪、防凌等多种效益的综合性水利枢纽工程，但是随着人为设障等原因，青铜峡水库从最初水库库容 6.06 亿立方米缩减到 2005 年的 0.32 亿立方米，水

表 3-1　宁夏贺兰山自然保护区森林生态系统服务功能物质量评估结果

类别	指标		物质量
涵养水源	调节水量（万立方米/年）		4416.36
保育土壤	固土量（万吨/年）		115.96
	固氮（吨/年）		4372.08
	固磷（吨/年）		1022.82
	固钾（吨/年）		31283.42
	固有机质（吨/年）		43335.37
固碳释氧	固碳（万吨/年）		3.34
	释氧（万吨/年）		7.34
林木积累营养物质	氮（吨/年）		390.83
	磷（吨/年）		36.63
	钾（吨/年）		285.68
净化大气环境	提供负离子数（10^{22}个/年）		14.62
	吸收二氧化硫（吨/年）		7452.70
	吸收氟化物（吨/年）		259.80
	吸收氮氧化物（吨/年）		168.00
	滞尘	滞尘量（万吨/年）	49.42
		PM_{10}（吨/年）	361.27
		$PM_{2.5}$（吨/年）	77.44

库行洪面积也大为缩小（宁夏网，2006）。贺兰山地处我国温带草原区与荒漠区的过渡地带，是银川平原的天然屏障和水源涵养区。由表 3-1 可以看出，宁夏贺兰山自然保护区森林生态系统涵养水源量 4416.36 万立方米，相当于 2015 年宁夏水资源总量的 4.82%，相当于青铜峡水库 2005 年库容量的 1.38 倍，森林生态系统涵养水源功能较强。所以，宁夏贺兰山自然保护区的森林生态系统是一座绿色"安全"的水库（图 3-1），其对于维护宁夏西北部乃至全区的水资源安全起着举足轻重的作用。

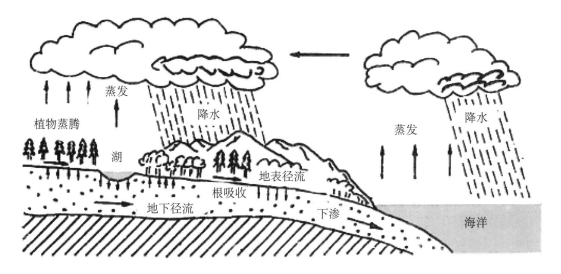

图 3-1   水循环示意

二、固碳释氧功能

工业是宁夏经济发展的动力，无论过去还是将来，必将支撑宁夏经济持续发展。宁夏经济发展模式基本上属于资源加工型，工业内部结构较为单一，产业链条短、附加值低，资源开发利用呈现单一依赖煤炭资源开采的不均衡倾向（宁夏回族自治区统计局，2014）。从近年来主要能源产量结构来看，2000 年以来，煤炭产量所占比重不仅远远高于原油、天然气、水电等其他能源类产品，而且其比重仍在逐年提高，2007 年达到 98.8%，几乎相当于全区所有能源产量的总和（宁夏回族自治区统计局，2014）。宁夏贺兰山自然保护区位于宁夏西北部，贺兰山山脉东坡的北段和中段，地跨银川市永宁县、西夏区、贺兰县，石嘴山市平罗县、大武口区、惠农区的二市六县（区），面积为 19.35 万公顷（宁夏贺兰山自然保护区管理局），其中，贺兰县面积为 15.99 万公顷，与宁夏贺兰山自然保护区面积相当。从《2015 年宁夏统计年鉴》可知，2014 年贺兰县能源消费总量为 43.30 万吨标准煤，依据《火电厂节能减排手册》可知，每千克标准煤可产生二氧化碳 2.58 千克，换算后可得到二氧化碳排放量为 111.71 万吨，乘以二氧化碳中碳的含量 27.27%，可以得到 2014 年贺兰县碳排放量为 30.46 万吨。宁夏贺兰山自然保护区森林生态系统固碳量为 3.34 万吨 / 年，相当于吸收了 2014 年贺兰县碳排放量的 10.96%，与工业减排相比，森林固碳投资少、代价低，更具有经济可行性和现实操作性。

三、净化大气环境功能

宁夏是我国重要的能源省份之一，在西部大开发政策的驱使下，宁夏经济实现了跨越式发展，但与此同时，环境污染问题日益突现。影响全区城市环境空气质量的首要污染物是可吸入颗粒物，年平均值超过国家环境空气质量二级标准的 29.5%（宁夏环境保护网，2015）。2013 年宁夏工业排放二氧化硫量为 36.82 万吨、氮氧化物量为 35.72 万吨（宁夏回族自治区统计局，2014）。宁夏贺兰山自然保护区森林生态系统二氧化硫吸收量为 7452.70 吨、氮氧化物吸收量为 168.00 吨，分别相当于 2013 年宁夏工业二氧化硫排放量的 2.02% 和工业氮氧化物排放量的 0.05%。

四、保育土壤功能

宁夏水土流失严重，水土流失面积占区域总面积的 75%，全区每年因水土流失而输入黄河的泥沙约 1 亿吨，水力侵蚀区主要分布在黄土丘陵沟壑区及六盘山土石山区，年土壤侵蚀模数为 1000~10000 吨/平方千米（中华人民共和国水利部，2015）。其中，强度以上侵蚀面积占 36%，分布在黄土丘陵沟壑区的安家川、折死沟、苋麻河、滥泥河、盐池南部东西川等支流。风力侵蚀面积 15976 平方千米，主要分布在中北部的干旱草原区，其中强度以上沙化面积占 15.5%，位于毛乌素和腾格里沙漠边缘。宁夏贺兰山自然保护区森林生态系统年固土量为 115.96 万吨，这相当于全区全年土壤流失量的 1.16%，表明宁夏贺兰山自然保护区森林生态系统保育土壤功能作用显著。

第二节　5 个管理站森林生态系统服务功能物质量评估结果

宁夏贺兰山自然保护区包括 5 个管理站。本次评估是将宁夏贺兰山自然保护区按照 5 个管理站的资源数据，根据公式计算得出 5 个管理站的森林生态系统服务功能物质量，评估的结果详见表 3-2。

一、涵养水源

宁夏贺兰山自然保护区 5 个管理站的森林生态系统涵养水源量如图 3-2 所示。其中，大水沟管理站涵养水源量最大，为 1668.62 万立方米/年，约占涵养水源总量的 37.78%；红果子管理站最小，为 269.66 万立方米/年，约占涵养水源总量的 6.1%。大水沟管理站位于宁夏贺兰山自然保护区中段，山体海拔在 3000 米以上的山体多分布在此区段，山体海拔高，降水量相对丰富，年均降水量多在 400 毫米以上（王小明，2011）；加上此区段分布较多的云杉林，对降水进行二次分配，减缓径流的形成，减少水资源的流失（Liu，2004），从而使得大水沟管理站的涵养水源量最高。红果子管理站位于宁夏贺兰山自然保护区的最北端，年均降水量在 200 毫米以下，降水总量少；加上红果子管理站乔木林面积小，树种少，构成简单，主要以灰榆、山杨、刺槐和新疆杨等为主（楼晓饮，2012），从而使得红果子管理站涵养水源功能最低。

表 3-2 宁夏贺兰山自然保护区 5 个管理站森林生态系统服务功能物质量评估结果

管理站	调节水量 (万立方米/年)	保育土壤					固碳释氧 (10⁴吨/年)		林木积累营养物质 (10²吨/年)			净化大气环境						
		固土 (万吨/年)	固氮 (吨/年)	固磷 (吨/年)	固钾 (吨/年)	固有机质 (吨/年)	固碳 (百吨/年)	释氧 (百吨/年)	氮 (吨/年)	磷 (吨/年)	钾 (吨/年)	负离子量 (10^{22}个/年)	吸附二氧化硫 (吨/年)	吸附氟化物 (吨/年)	吸附氮氧化物 (吨/年)	滞尘量 (万吨/年)	滞纳 PM_{10} (吨/年)	滞纳 $PM_{2.5}$ (吨/年)
红果子	269.66	6.04	172.39	42.28	1802.59	2288.82	15.07	33.10	23.82	2.03	14.02	0.30	142.30	5.90	9.00	1.51	16.90	5.48
石嘴山	628.18	14.78	417.70	102.89	4155.99	5310.82	41.24	92.67	57.69	4.76	34.22	0.74	383.00	13.30	21.90	3.79	39.27	12.49
大水沟	1668.62	44.54	1669.68	393.33	11755.11	16304.32	128.64	281.86	152.79	13.50	108.72	5.79	3036.50	105.00	64.30	19.83	139.66	29.01
苏峪口	595.46	16.91	738.16	170.52	4402.01	6403.14	48.02	102.93	53.16	4.86	39.88	2.95	1549.70	54.60	24.10	9.29	57.93	9.30
马莲口	1254.44	33.69	1374.15	313.80	9167.72	13028.27	100.95	223.39	103.37	11.48	88.84	4.84	2341.20	81.00	48.70	15.00	107.51	21.16
合计	4416.36	115.96	4372.08	1022.82	31283.42	43335.37	333.92	733.95	390.83	36.63	285.68	14.62	7452.70	259.80	168.00	49.42	361.27	77.44

图3-2　宁夏贺兰山自然保护区5个管理站森林生态系统涵养水源量分布

二、保育土壤

宁夏贺兰山自然保护区森林生态系统固土量如图3-3所示，在5个管理站中，以大水沟管理站的森林固土量为最多，年固土量为44.54万吨，占到宁夏贺兰山自然保护区森林年固土总量的38.40%；以红果子管理站的森林固土量为最少，年固土量为6.04万吨，占到宁夏贺兰山自然保护区森林年固土总量的5.21%，5个管理站森林年固土量的排序为：大水沟>马莲口>苏峪口>石嘴山>红果子。水土流失是人类所面临的重要环境问题，已经成为经济、社会可持续发展的一个重要的制约因素。我国是世界上水土流失十分严重的国家，宁夏是全国水土流失严重的地区之一，其侵蚀类型以水力和风力侵蚀为主（中华人民共和国水利部，2015）。减少林地的土壤侵蚀模数能够很好地减少林地的土壤侵蚀量，对林地土壤形成很好的保护（Fu et al., 2011）。大水沟管理站森林植被主要以云杉林为主，其树冠层较好，枯落物层较厚，根系相互错结形成根系网，有效地固持土体，降低了地表径流对土壤的冲蚀，减少林地土壤侵蚀模数，减少土壤流失量，起到较好的固土作用。

森林保育土壤的功能不仅表现为固定土壤，同时还表现为保持土壤肥力。图3-4至图3-7为5个管理站森林生态系统氮、磷、钾保育量，可以看出以大水沟管理站的森林保肥量

图 3-3　宁夏贺兰山自然保护区 5 个管理站森林生态系统固土量分布

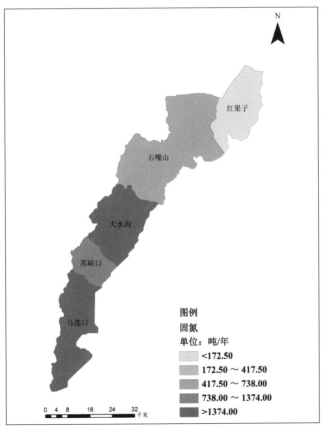

图 3-4　宁夏贺兰山自然保护区 5 个管理站森林生态系统固氮量分布

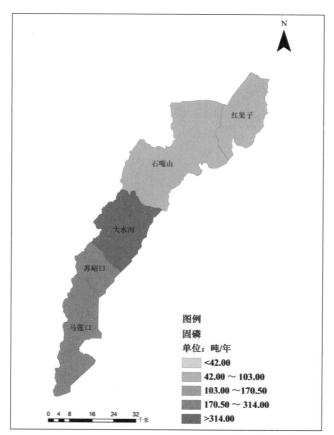

图3-5　宁夏贺兰山自然保护区5个管理站森林生态系统固磷量分布

图3-6　宁夏贺兰山自然保护区5个管理站森林生态系统固钾量分布

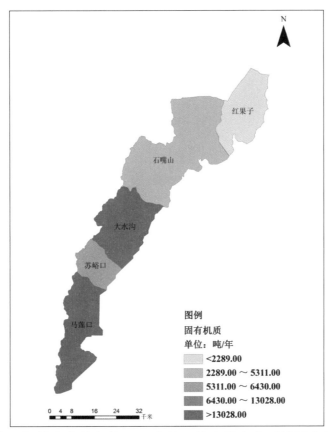

图 3-7　宁夏贺兰山自然保护区 5 个管理站森林生态系统固有机质量分布

为最多，年固氮、固磷和固钾量分别为 1669.68、393.33 和 11755.11 吨；以红果子管理站保肥量最少，年固氮、固磷和固钾量分别为 172.39、42.28 和 1802.59 吨。保肥功能与森林固土能力相依存，正是由于大水沟管理站能够较好地固持土壤，减少土壤的流失，从而使得其保肥的功能也相对较高。

宁夏贺兰山自然保护区森林生态系统所发挥的保肥功能，对于保障当地水质安全，以及维护大武口沟和苏峪口沟流域的生态安全和保障经济、社会可持续发展具有十分重要的现实意义。水土流失过程中会携带的大量养分、重金属和化肥进入江河湖库，污染水体，使水体富营养化。土壤贫瘠化还会影响林业经济的发展，宁夏贺兰山自然保护区森林生态系统的保肥功能对于维护本地区林业经济的稳定具有十分重要的作用。

三、固碳释氧

宁夏贺兰山自然保护区 5 个管理站森林生态系统固碳量如图 3-8 所示，从图中可以看出，大水沟管理站固碳量最大，红果子管理站的最小。大水沟管理站固碳量为 1.29 万吨 / 年，占到宁夏贺兰山自然保护区森林年固碳总量的 38.62%；其次为马莲口、苏峪口和石嘴山管理站，固碳量分别为 1.01 万吨 / 年、0.48 万吨 / 年、0.41 万吨 / 年，分别

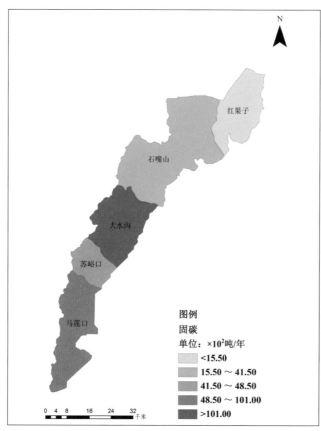

图 3-8　宁夏贺兰山自然保护区 5 个管理站森林生态系统固碳量分布

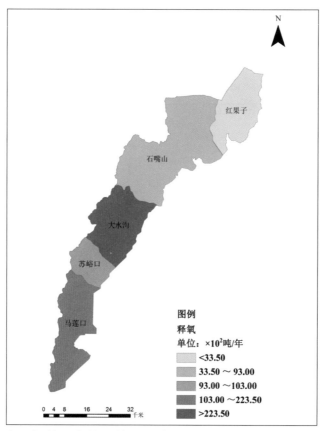

图 3-9　宁夏贺兰山自然保护区 5 个管理站森林生态系统释氧量分布

占到宁夏贺兰山自然保护区森林年固碳总量的 30.24%、14.37%、12.28%；最小的是红果子管理站，固碳量为 0.15 万吨 / 年，仅占到宁夏贺兰山自然保护区森林年固碳总量的 4.49%。5 个管理站森林年固碳量的大小排序为：大水沟 > 马莲口 > 苏峪口 > 石嘴山 > 红果子。

宁夏贺兰山自然保护区 5 个管理站森林生态系统释氧量如图 3-9 所示，从图中可以看出，大水沟管理站释氧量最大，红果子管理站的最小。大水沟管理站的释氧量为 2.82 万吨 / 年，占到宁夏贺兰山自然保护区森林年释氧总量的 38.42%；其次为马莲口、苏峪口和石嘴山管理站，释氧量分别为 2.23 万吨、1.03 万吨和 0.93 万吨 / 年，分别占到宁夏贺兰山自然保护区森林年释氧总量的 30.38%、14.03% 和 12.67%；最小的是红果子管理站，释氧量为 0.33 万吨 / 年，仅占到宁夏贺兰山自然保护区森林年释氧总量的 4.50%。5 个管理站森林释氧量的大小排序为：大水沟 > 马莲口 > 苏峪口 > 石嘴山 > 红果子。

森林固碳释氧机制是通过森林自身的光合作用过程吸收二氧化碳，并蓄积在树干、根部及枝叶等部位，并释放出氧气，从而抑制大气中二氧化碳浓度的上升，体现出绿色减排的作用（Liu et al.，2012）。大水沟管理站以其降水条件较好，年均降水量在 400 毫米以上，再加上雨热同期，水分和温度因子适宜，使得大水沟管理站森林植被光合作用相对较强，固定较多的二氧化碳，释放出更多的氧气，从而使得其固碳释氧功能在 5 个管理站中最好。

四、林木积累营养物质

林木在生长过程中不断从周围环境中吸收营养物质，固定在植物体中，成为全球生物化学循环不可缺少的环节。林木积累营养物质服务功能首先是维持自身生态系统的养分平衡，其次才是为人类提供生态系统服务。森林植被通过大气、土壤和降水吸收氮、磷、钾等营养物质并贮存在体内各器官，其林木积累营养物质功能对降低下游水源污染及水体富营养化具有重要作用。而林木积累营养物质与林分的净初级生产力密切相关，林分的净初级生产力与地区水热条件也存在显著相关（Johan et al.，2000）。林木积累营养物质功能与固土保肥中的保肥功能，无论从机理、空间部位，还是计算方法上都有本质区别，前者属于生物地球化学循环的范畴，而保肥功能是从水土保持的角度考虑，即如果没有这片森林，每年水土流失中也将包含一定的营养物质，属于物理过程。从林木积累营养物质的过程可以看出，宁夏贺兰山自然保护区森林可以一定程度上减少因为水土流失而带来的养分损失，在其生命周期内，使得固定在体内的养分元素在此进入生物地球化学循环，极大地降低可能带来水库水体富营养化的可能性。

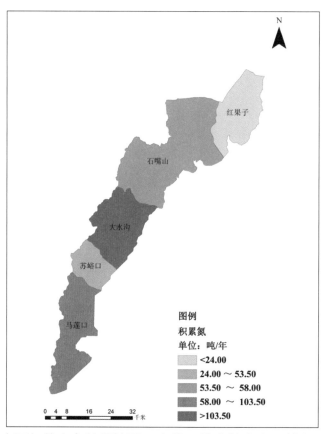

图 3-10　宁夏贺兰山自然保护区 5 个管理站森林生态系统积累氮量分布

　　宁夏贺兰山自然保护区辖区的 5 个管理站森林生态系统林木积累氮量分布如图 3-10 所示，从图中可以看出大水沟管理站林木积累氮量最大，为 152.79 吨 / 年，占到宁夏贺兰山自然保护区森林积累氮总量的 39.09%；其次为马莲口、石嘴山和苏峪口管理站，林木积累氮量分别为 103.37 吨 / 年、57.69 吨 / 年及 53.16 吨 / 年，分别占到宁夏贺兰山自然保护区林木积累氮总量的 26.45%、14.76%、13.60%；最小的是红果子管理站，林木积累氮量为 23.82 吨 / 年，仅占到宁夏贺兰山自然保护区林木积累氮总量的 6.09%。5 个管理站森林的氮积累量大小排序为：大水沟 > 马莲口 > 石嘴山 > 苏峪口 > 红果子。

　　宁夏贺兰山自然保护区辖区的 5 个管理站森林生态系统林木积累磷量分布如图 3-11 所示，从图中可以看出大水沟管理站林木积累磷量最大，为 13.5 吨 / 年，占到宁夏贺兰山自然保护区森林积累磷总量的 38.86%；其次为马莲口、苏峪口和石嘴山管理站，林木积累磷量分别为 11.48 吨 / 年、4.86 吨 / 年及 4.76 吨 / 年，分别占到宁夏贺兰山自然保护区林木积累磷总量的 31.34%、13.27%、12.99%；最小的是红果子管理站，林木积累磷量为 2.03 吨 / 年，仅占到宁夏贺兰山自然保护区林木积累磷总量的 5.54%。5 个管理站森林的磷积累量大小排序为：大水沟 > 马莲口 > 苏峪口 > 石嘴山 > 红果子。

　　宁夏贺兰山自然保护区辖区的 5 个管理站森林生态系统林木积累钾量如图 3-12 所示，

图 3-11　宁夏贺兰山自然保护区 5 个管理站森林生态系统积累磷量分布

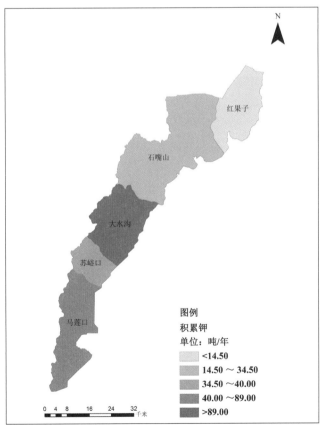

图 3-12　宁夏贺兰山自然保护区 5 个管理站森林生态系统积累钾量分布

从图中可以看出大水沟管理站林木积累钾量最大，为108.72吨/年，占到宁夏贺兰山自然保护区森林积累钾总量的38.06%；其次为马莲口、苏峪口和石嘴山管理站，林木积累钾量分别为88.84吨/年、39.88吨/年及34.22吨/年，分别占到宁夏贺兰山自然保护区林木积累钾总量的31.10%、13.96%、11.98%；最小的是红果子管理站，林木积累钾量为14.02吨/年，仅占到宁夏贺兰山自然保护区林木积累钾总量的4.91%。5个管理站森林的钾积累量大小排序为：大水沟＞马莲口＞苏峪口＞石嘴山＞红果子。

五、净化大气环境

从图3-13中可以看出，宁夏贺兰山自然保护区森林生态系统产生负离子量的总量为146.18×10^{21}个/年，其中，以大水沟管理站森林产生负离子的量最多，为57.88×10^{21}个/年，占到宁夏贺兰山自然保护区森林生态系统提供负离子总量的39.59%，马莲口、苏峪口和石嘴山管理站提供负离子的量分别为48.40×10^{21}个/年、29.70×10^{21}个/年、7.41×10^{21}个/年，分别占到宁夏贺兰山自然保护区森林年产生负离子总量的33.11%、20.32%、5.07%；最小的是红果子管理站，提供负离子的量为2.79×10^{21}个/年，仅占到宁夏贺兰山自然保护区森林产生负离子总量的1.91%。5个管理站森林提供负离子量的大小排序为：大水沟＞马莲口＞苏峪口＞石嘴山＞红果子。空气负离子是一种重要的无形旅游资源，具有杀菌、降尘、

图3-13　宁夏贺兰山自然保护区5个管理站森林生态系统提供负离子量分布

清洁空气的功效，被誉为"空气维生素与生长素"，对人体健康十分有益，能改善肺器官功能，增加肺部吸氧量，促进人体新陈代谢，激活肌体多种酶和改善睡眠，提高人体免疫力、抗病能力（Hofman et al.，2013）。大水沟管理站山体海拔相对较高，3000 米以上的山体多分布于此，海拔越高越易受到宇宙射线的影响，负离子的浓度增加越明显（牛香，2017）；其次，大水沟管理站水文条件优越，其降水量约为红果子管理站的 2 倍，水源条件好的地区其产生的负离子越多（张维康，2015）；第三，大水沟管理站分布云杉林较多，作为针叶树种的云杉林其针状叶的等曲率半径较小，具有"尖端放电"功能，产生的电荷能够使空气发生电离从而产生更多的负离子。正是基于以上原因，使得大水沟管理站森林产生负离子的能力最强，产生负离子的量最多。

从图 3-14 可以看出，宁夏贺兰山自然保护区森林生态系统吸收二氧化硫的总量为 7452.7 吨 / 年，其中，以大水沟管理站森林吸收二氧化硫量最多，为 3036.5 吨 / 年，占到宁夏贺兰山自然保护区森林生态系统吸收二氧化硫总量的 40.74%，马莲口、苏峪口和石嘴山管理站吸收二氧化硫的量分别为 2341.2 吨 / 年、1549.7 吨 / 年、383.0 吨 / 年，分别占到宁夏贺兰山自然保护区森林年吸收二氧化硫总量的 31.41%、20.79%、5.14%；最小的是红果子管理站，吸收二氧化硫的量为 142.3 吨 / 年，仅占到宁夏贺兰山自然保护区森林吸收二氧化硫总量的 1.91%。5 个管理站森林吸收二氧化硫量的大小排序为：大水沟 > 马莲口 > 苏峪

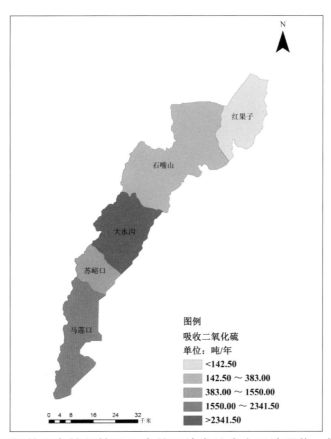

图 3-14　宁夏贺兰山自然保护区 5 个管理站森林生态系统吸收二氧化硫量分布

口 > 石嘴山 > 红果子。

从图 3-15 和图 3-16 可以看出，宁夏贺兰山自然保护区森林生态系统吸收氟化物和氮氧化物的总量分别为 259.8 吨 / 年和 168.0 吨 / 年，其中，以大水沟管理站森林吸收氟化物（105.0吨 / 年）和氮氧化物（64.3 吨 / 年）的量最多，分别占到宁夏贺兰山自然保护区森林生态系统吸收氟化物和氮氧化物总量的 40.43% 和 38.27%；最小的是红果子管理站，吸收氟化物和氮氧化物的量分别为 5.9 吨 / 年和 9.0 吨 / 年，仅占到宁夏贺兰山自然保护区森林吸收氟化物和氮氧化物总量的 2.27% 和 5.36%。5 个管理站森林吸收氟化物和氮氧化物的大小排序为：大水沟 > 马莲口 > 苏峪口 > 石嘴山 > 红果子。

从图 3-17 至图 3-19 可以看出，宁夏贺兰山自然保护区森林生态系统滞尘量、滞纳 PM_{10} 及 $PM_{2.5}$ 的总量分别为 49.42 万吨 / 年、361.27 吨 / 年及 77.44 吨 / 年，并以大水沟管理站为最大，其森林滞尘量、滞纳 PM_{10} 及 $PM_{2.5}$ 的量为 19.83 万吨 / 年、139.66 吨 / 年及 29.01 吨 /年，分别占相应总量的 40.12%、38.66% 及 37.46%；最小的是红果子管理站，其森林滞尘量、滞纳 PM_{10} 及 $PM_{2.5}$ 的量为 1.51 万吨 / 年、16.90 吨 / 年及 5.48 吨 / 年，分别占相应总量的 3.06%、4.68% 及 7.08%。5 个管理站森林滞尘量、滞纳 PM_{10} 及 $PM_{2.5}$ 的大小排序为：大水沟 > 马莲口 > 苏峪口 > 石嘴山 > 红果子。

森林的滞尘作用表现为：一方面，由于森林茂密的林冠结构，可以起到降低风速的作

图 3-15 宁夏贺兰山自然保护区 5 个管理站森林生态系统吸收氟化物量分布

图 3-16　宁夏贺兰山自然保护区 5 个管理站森林生态系统吸收氮氧化物量分布

图 3-17　宁夏贺兰山自然保护区 5 个管理站森林生态系统滞尘量分布

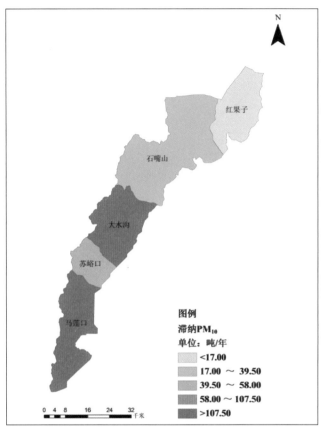

图 3-18　宁夏贺兰山自然保护区 5 个管理站森林生态系统滞纳 PM$_{10}$ 量分布

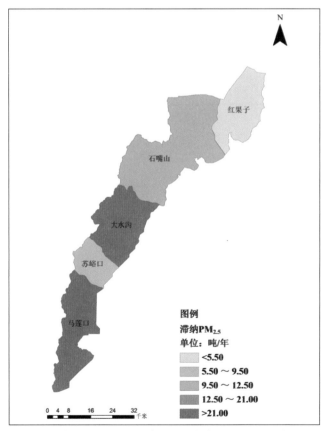

图 3-19　宁夏贺兰山自然保护区 5 个管理站森林生态系统滞纳 PM$_{2.5}$ 量分布

用。随着风速的降低，空气中携带的大量空气颗粒物会加速沉降；另一方面，由于植物的蒸腾作用，使树冠周围和森林表面保持较大湿度，使空气颗粒物容易降落吸附。最重要的还因为树体蒙尘之后，经过降水的淋洗滴落作用，使得植物又恢复了滞尘能力（牛香，2017）。受污染的空气经过森林反复洗涤过程后，变成了清洁的空气。树木的叶面积总数很大，森林叶面积的总和为其占地面积的数十倍。因此，使其具有较强的吸附滞纳颗粒物的能力。另外，植被对空气颗粒物有吸附滞纳、过滤的功能，其吸附滞纳颗粒物能力随植被种类、地区、面积大小、风速等环境因素不同而异，能力大小可相差十几倍到几十倍。森林生态系统被誉为"大自然总调度室"，因其一方面对大气的污染物如二氧化硫、氟化物、氮氧化物、粉尘、重金属具有很好的阻滞、过滤、吸附和分解作用；另一方面，树叶表面粗糙不平，通过绒毛、油脂或其他黏性物质可以吸附部分沉降物，最终完成净化大气环境的过程，改善人们的生活环境，保证社会经济的健康发展（张维康，2015）。《2015 年宁夏统计年鉴》显示，2014 年宁夏工业烟（粉）尘排放量为 21.2 万吨 / 年，而宁夏贺兰山自然保护区森林生态系统滞尘量 49.42 万吨 / 年，相当于 2014 年宁夏工业烟(粉)尘排放量的 2.34 倍，所以，应该充分发挥宁夏贺兰山自然保护区森林生态系统治滞尘作用，调控区域内空气中颗粒物含量，更大地发挥森林净化大气环境的作用。

从以上评估结果分析中可知，宁夏贺兰山自然保护区森林生态系统各项服务的空间分布格局取决于以下原因。

1. 森林资源结构组成

第一，与森林资源面积有关。根据宁夏贺兰山自然地理特征，通常分为北、中、南三段，大武口沟以北为北段，大武口沟至三关口为中段，三关口以南为南端。北段海拔高度一般不超过 2000 米，山势缓和，气候干燥，植物种类和植被类型较贫乏；中段海拔最高，一般为 2000～3500 米左右，山岩陡峭，地形险峻，山势雄伟，自然条件复杂，植物种类丰富，植被类型多样；南段山地海拔高度又渐趋低缓，气候干旱，植物种类减少，植被覆盖率很低（楼晓钦，2012）。大水沟和马莲口管理站位于宁夏贺兰山自然保护区的中段和南段，森林面积相对较大，占到宁夏贺兰山自然保护区森林面积的 66.78%，植被生长相对旺盛；再加上人为干扰程度低，其森林受到的破坏程度较轻，使得大水沟和马莲口管理站的森林生态系统服务功能较为突出。

第二，与森林质量有关，也就是与生物量有直接的关系（图 3-20）。由于蓄积量与生物量存在一定关系，蓄积量也可以作为衡量森林质量的指标之一（Fang et al.，2001）。由宁夏贺兰山自然保护区森林资源数据可以得出，林分蓄积量的空间分布大致上表现为中、南部的林地面积多于北部，加上森林又多为天然林，植被生长相对较好，蓄积量较大。有研究表明生物量的高生长也会带动其他森林生态系统服务功能项的增强。生态系统的单位面积生态功能的大小与该生态系统的生物量有密切关系，一般来说，生物量越大，生态系统功能越强（Feng et al.，2008）。随着森林蓄积量的增长，涵养水源功能逐渐增强，主要表现在林冠截留、枯落物蓄水、土壤层蓄水和土壤入渗等方面的提升（Tekiehaimanot，1991）。但是，随着林分蓄积的增长，林冠结构、枯落物厚度和土壤结构将达到一个相对稳定的状态，此时的涵养水源能力应该也处于一个相对稳定的最高值。随着林中各部分生物量的不断积累，尤其是受到枯落物厚度的影响，森林的水源涵养能力会处于一个相对稳定的状态。森林生态系统涵养水源功能较强时，其固土功能也必然较高，其与林分蓄积也存在较大的关系。植被根系的固土能力与林分生物量呈正相关，而且林冠层还能降低降雨对土壤表层的冲刷。对生态公益林水土保持生态效益的研究显示，将影响水土保持效益的各项因子进行了分配权重值，其中林分蓄积的权重值最高（Carroll et al.，1997）。林分蓄积量的增加可作为生物量的增加，根据森林生态系统固碳功能评估公式（公式1-15）可以看出，生物量的增加即为植被固碳量的增加。另外，土壤固碳量也是影响森林生态系统固碳量的主要原因，地球陆地生态系统碳库的70%左右被封存在土壤中。在特定的生物、气候带中，随着地上植被的生长，土壤碳库及碳形态将会达到稳定状态（Post et al.，1982）。也就是说在地表植被覆盖不发生剧烈变化的情况下，土壤碳库是相对稳定的。随着林龄的增长，蓄积量的增加，森林植被单位面积固碳潜力逐步提升（You et al.，2013）。

第三，与林龄结构有关。森林生态系统服务是在林木生长过程中产生的，林木的高生长也会对生态系统服务带来正面的影响（宋庆丰等，2015）。林木生长的快慢反映在净初级生产力上，影响净初级生产力的因素包括：林分因子、气候因子、土壤因子和地形因子，它们对净初级生产力的贡献率不同，分别为56.7%、16.5%、2.4%和24.4%。林分因子中，林分年龄对净初级生产力的变化影响较大，中龄林和近熟林有绝对的优势（Fang et al.，2012）。从宁夏贺兰山自然保护区森林资源数据中可以看出，中龄林和近熟林面积占森林总面积的97.05%，占有绝对的优势。林分蓄积随着林龄的增加而增加，随着时间的推移，中龄林逐渐向成熟林的方向发展，从而使林分蓄积量得以提高（Nishizono et al.，2010）。

林分年龄与其单位面积水源涵养效益呈正相关性，随着林分年龄的不断增长，这种效益的增长速度逐渐变缓（Zhang et al.，2015）。森林从地上冠层到地下根系，都对水土流失有着直接或间接的作用，只有森林在地面的覆盖达到一定程度时，才能起到防止土壤侵蚀的作用。随着植被的不断生长，根系对土壤的缠绕支撑和串联等作用增强，进而增加了土壤抗侵蚀能力（Wainwright et al.，2000；Gilley et al.，2000）。但森林生态系统的保育土壤功能不可能随着森林的持续增长和林分蓄积的逐渐增加而持续增长。土壤养分随着地表径流的流失与乔木层及其根、冠生物量呈现幂函数变化曲线的结果，其转折点基本在中龄林与近熟林之间。这主要由于森林生产力存在最大值现象，其会随着林龄的增长而降低（Murty et al.，2000；Song et al.，2003），年蓄积生产量 / 蓄积量与年净初级生产力（NPP）存在函数关系，随着年蓄积生产量 / 蓄积量的增加，生产力逐渐降低（Bellassen et al.，

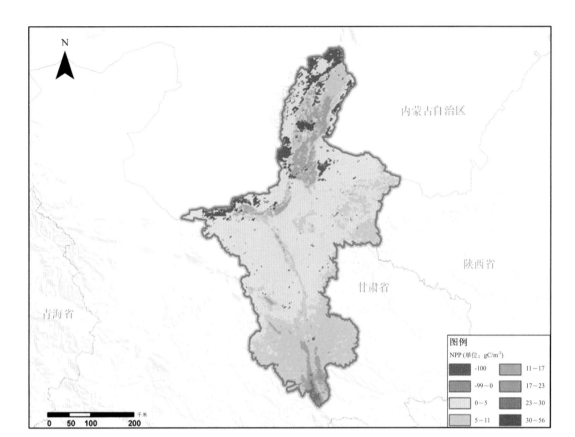

图 3-20 宁夏净初级生产力（NPP）分布（引自"地理监测云平台"）

2011）。

第四，与林分起源有关。天然林是生物圈中功能最完备的植物群落，其结构复杂、功能完善、生态稳定性高。人工林和天然林群落结构与物种多样性方面存在着巨大差异，天然林的群落层次比人工林复杂，物种多样性比人工林丰富。天然林在生产力和生态功能的持续发挥等方面具有单一人工林无法比拟的优越性。由宁夏贺兰山自然保护区森林资源数据可知，天然林资源所占比重达到森林资源总量的99.1%，其对宁夏贺兰山自然保护区森林生态系统服务空间分布格局产生一定影响。

2. 气候要素

在所有的气候因素中，能够对林木生长造成影响的主要因素是温度和降雨，因为水热条件限制着林木的生长（Nikolev et al.，2011）。相关研究发现，在湿度和温度均较低时，土壤的呼吸速率会减慢（Wang et al.，2016）。水热条件通过影响林木生长，进而对森林生态系统服务产生影响。

在一定范围内，温度越高，林木生长越快，则其生态系统服务也就越强。其原因主要是：其一，因为温度越高，植物的蒸腾速率也就越大，体内就会积累更多的养分元素，继而增加生物量的积累；其二，温度越高，在充足水分的前提下，蒸腾速率加快，而此时植物叶片气孔处于完全打开的状态，这样就会增强植物的呼吸作用，为光合作用提供充足的二氧

化碳（Smith et al.，2013）；其三，温度通过控制叶片中的淀粉的降解和运转，以及糖分与蛋白质之间的转化，进而起到控制叶片光合速率的作用（Ali et al.，2015；Calzadilla et al.，2016）。宁夏贺兰山自然保护区多年平均气温在 -0.7℃，极端最高气温为 25.4℃，极端最低气温为 -32.6℃（图 2-3）。温度随着海拔的升高而降低，海拔每升高 1000 米，温度平均下降 6℃。宁夏贺兰山自然保护区温度随海拔的升高而逐渐降低，在山体 3000 米以上的区域已不再有乔木的生长，森林资源在山体 2400～3000 米段分布最广（楼晓饮，2012）。

另外，降水量与森林生态效益呈正相关关系，主要是由于降雨量作为参数被用于森林涵养水源的计算，与涵养水源生态效益呈正相关；另一方面，降雨量的大小还会影响生物量的高低，进而影响到固碳释氧功能（牛香，2012；国家林业局，2015）。宁夏贺兰山自然保护区多年平均降水量在 200～400 毫米之间，总体呈垂直分布的趋势（图 2-4）。降水量还与森林滞纳颗粒物的高低有直接的关系，因为降水量大也就意味着一年之内雨水对植被叶片的清洗次数增加，由此带来森林滞纳颗粒物功能的增强。

3. 区域性要素

宁夏贺兰山自然保护区呈现明显的垂直分布特点，由于海拔较高，相对高差大，主峰已经属于高山范围，山地垂直分布明显，带谱比较复杂。按照植被类型，可以将宁夏贺兰山自然保护区划分为 4 个植被垂直带，即山前荒漠与荒漠草原—山麓与低山草原—中山针叶林带—高山、亚高山灌丛、草甸带。贺兰山中部山体年降水量 300～400 毫米，雨水较为充沛，气温适宜，是以云杉林为代表的寒温性针叶林的广泛分布区域，在此区域林木生长较高，自然植被保护相对较好，生物多样性较为丰富，而且该区段海拔相对较高，森林生态系统受到人为影响较少，能够使得森林广泛分布且健康成长。3000 米以上的区段，由于海拔最高，温度降低严重，不适宜高大乔木的生长，仅有高山灌丛、草甸等生长；2000 米以下的区段，降水量在 200 毫米以下，降水少成为植被分布的一个限制因子，使得该区段的森林植被分布也较少，林地生产力不高，单位面积蓄积量和生长量比较低（王小明，2011）。由于以上区段因素对林木的生长产生了影响，从而影响到了森林生态系统服务。

宁夏贺兰山自然保护区 2400～3000 米段植被覆盖度相对较大，土壤中的有机质含量较高，在固持相同土壤量的情况下，能够避免更多的土壤养分流失。该区段物种多样性相对丰富，土壤覆盖度和固持度较高，保育土壤功能强。并且该区段森林涵养水源能力较大，减缓地表径流的形成，减少了对土壤的冲刷（图 3-21）。总的来说，宁夏贺兰山自然保护区森林生态系统服务表现为 2400～3000 米段高于 3000～3500 米段和 2000～2400 米段的空间分布格局，主要受到森林资源组成结构、气候要素和区域性要素的影响。这些原因均是对森林生态系统净初级生产力产生作用的前提下，继而影响了森林生态系统服务的强弱。

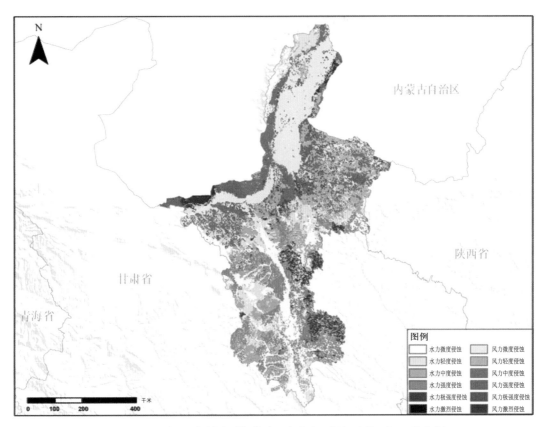

图 3-21　宁夏土壤侵蚀分布（引自"地理监测云平台"）

第三节　不同优势树种（组）生态系统服务功能物质量评估结果

根据《宁夏贺兰山自然保护区森林资源》，将宁夏贺兰山自然保护区的林分类型归为 11 个优势树种（组）。宁夏贺兰山自然保护区森林生态系统不同优势树种（组）生态系统服务功能物质量如表 3-3 所示。

一、涵养水源

宁夏贺兰山自然保护区不同优势树种（组）涵养水源量如图 3-22 所示，以灌木林、云杉林和针阔混交林涵养水源量最大，分别为 1731.51 万立方米 / 年、1107.82 万立方米 / 年及 638.83 万立方米 / 年，占宁夏贺兰山自然保护区森林涵养水源总量的 78.76%；最低的三个树种（组）为柳树林、杜松林和新疆杨林，分别为 3.04 万立方米 / 年、1.12 万立方米 / 年及 0.08 万立方米 / 年，仅占到宁夏贺兰山自然保护区森林涵养水源总量的 0.10%。森林是拦截降水的天然水库，具有强大的蓄水作用。其复杂的立体结构不但对降水进行再分配，还可以减弱降水对土壤的侵蚀，并且随森林类型和降雨量的变化，树冠拦截的降雨量也不同。2015 年，宁夏苦水河的地表水资源量为 1600 万立方米，银川市的天然径流量为 6960 万立方米（宁夏回族自治区水利厅，2015），灌木林、云杉林和针阔混交林三个优势树种（组）

表3-3 宁夏贺兰山自然保护区主要优势树种（组）生态系统服务功能物质量评估结果

优势树种(组)	调节水量(万立方米/年)	保育土壤 固土(万吨/年)	固氮(吨/年)	固磷(吨/年)	固钾(吨/年)	固有机质(吨/年)	固碳释氧 固碳(百吨/年)	释氧(百吨/年)	林木积累营养物质 氮(吨/年)	磷(吨/年)	钾(吨/年)	净化大气环境 提供负离子量×10^{21}个/年	吸附二氧化硫(吨/年)	吸附氟化物(吨/年)	吸附氮氧化物(吨/年)	滞尘量(万吨/年)	滞纳PM_{10}(吨/年)	滞纳$PM_{2.5}$(吨/年)
云杉林	1107.82	31.21	1934.79	343.27	10266.88	13824.41	95.47	185.55	77.13	6.65	44.63	72.44	4606.65	148.60	44.58	23.76	122.77	36.18
油松林	286.21	9.39	262.99	93.92	1484.00	2442.02	23.85	46.02	20.03	1.39	17.48	18.48	1095.64	42.97	12.89	6.87	59.27	9.18
杜松林	1.12	0.06	1.49	0.46	10.59	15.00	0.12	0.26	0.11	0.01	0.09	0.07	6.36	0.13	0.07	0.04	0.33	0.13
灰榆林	523.18	16.16	387.92	96.98	3167.95	4040.76	49.02	126.24	61.33	3.91	60.77	7.70	452.57	1.92	23.09	3.89	28.10	3.37
其他硬阔林	3.31	0.09	2.18	0.52	17.08	29.63	0.29	0.67	0.67	0.04	0.18	0.14	1.91	0.11	0.13	0.02	0.16	0.03
山杨林	117.10	3.83	91.95	22.99	750.91	1302.59	22.32	55.36	22.33	3.41	28.38	5.18	80.83	0.46	5.45	0.92	6.00	1.40
新疆杨林	0.59	<0.01	0.09	0.02	0.57	0.91	0.01	0.04	0.01	<0.01	0.02	<0.01	0.05	<0.01	<0.01	<0.01	<0.01	<0.01
柳树林	3.04	0.09	2.35	0.56	18.42	31.96	0.40	0.97	0.39	0.02	0.35	0.14	2.02	0.17	0.13	0.03	0.18	0.04
针阔混交林	638.83	19.19	614.20	201.53	3761.98	6660.25	51.91	133.60	82.97	8.18	78.09	25.68	405.13	21.25	27.42	4.77	32.64	8.84
经济林	3.65	0.11	2.78	1.00	16.68	46.36	0.21	0.43	0.17	0.09	0.16	0.08	2.44	0.02	0.16	0.02	0.21	0.05
灌木林	1731.51	35.83	1071.34	261.57	11788.36	14941.48	90.32	184.81	125.69	12.93	55.53	16.27	799.10	44.17	54.08	9.10	111.61	18.22
合计	4416.36	115.96	4372.08	1022.82	31283.42	43335.37	333.92	733.95	390.83	36.63	285.68	146.18	7452.70	259.80	168.00	49.42	361.27	77.44

涵养水源量为 3418.76 万立方米,是苦水河地表水资源量的 2.17 倍,是银川市天然径流量的 49.97%,这表明三个优势树种(组)涵养水源功能较强,对贺兰山及周边地区水资源的安全有着非常重要的作用,可为人们的生产生活提供安全健康的水源地。树冠截留量的大小取决于降雨量和降雨强度,并与林分组成、林龄、郁闭度等相关。

从图 3-23 可以看出,在主要优势树种(组)涵养水源量的垂直分布格局中,以灌木林和云杉林涵养水源量最大,并呈现出 2400～3000 米段涵养水源量高于 3000～3500 米段和 1800～2400 米段,山体阴坡高于阳坡的分布规律。宁夏贺兰山地处我国温带草原区与荒漠区的分界线处,植被类型复杂,呈垂直带状分布,并以云杉林和灌木林的面积最大,森

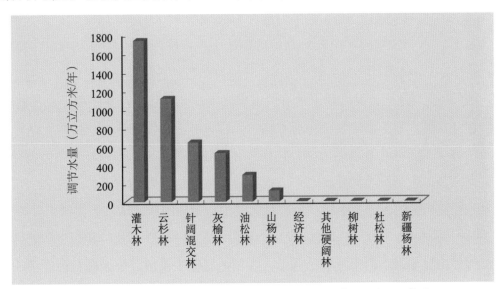

图 3-22　宁夏贺兰山自然保护区不同优势树种(组)调节水量

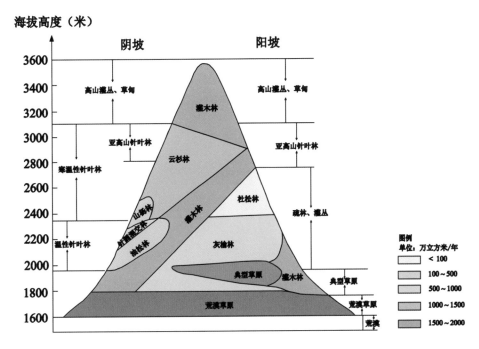

图 3-23　宁夏贺兰山自然保护区主要优势树种(组)涵养水源功能垂直分布

林面积大小是造成不同优势树种（组）涵养水源差异的主要原因之一。云杉林主要分布在
2400～3100 米的山地阴坡，年降雨量 300～400 毫米，雨水较充沛，其林下苔藓地被植物丰
富，同时，此区段云杉林的郁闭度较高（楼晓饮，2012 年），使得云杉林涵养水源量相对较
高。不同林种的林冠截留量、林下枯落物厚度及蓄水能力、不同林分下的土壤非毛管孔隙
等，也是造成不同树种涵养水源差异的原因之一（Xiao et al.，2014）。

二、保育土壤

宁夏贺兰山自然保护区森林生态系统不同优势树种（组）固土量如图 3-24 所示。固
土量以灌木林、云杉林和针阔混交林为最大，分别为 35.83 万吨 / 年、31.21 万吨 / 年和
19.19 万吨 / 年，占到宁夏贺兰山自然保护区森林生态系统固土总量的 30.90%、26.91% 和
16.55%；最低的 3 个树种(组)为其他硬阔林、杜松林和新疆杨林，分别为 0.09 万吨 / 年、0.05
万吨 / 年和 0.01 万吨 / 年，仅占到宁夏贺兰山自然保护区森林生态系统固土总量的 0.12%。
不同优势树种（组）固土量的大小为灌木林＞云杉林＞针阔混交林＞灰榆林＞油松林＞山
杨林＞经济林＞柳树林＞其他硬阔林＞杜松林＞新疆杨林。土壤侵蚀与水土流失现在已成
为人们共同关注的生态环境问题，它一方面不仅导致表层土壤随地表径流流失，切割蚕食
地表，而且径流携带的泥沙又会淤积阻塞江河湖泊，抬高河床，增加了洪涝的隐患（Wang
et al.，2008）。灌木林、云杉林和针阔混交林年固土量为 86.23 万吨，其固土功能可有效地
减少宁夏贺兰山自然保护区土壤侵蚀强度，降低土壤侵蚀模数，为该区社会经济的发展提
供重要保障。

在宁夏贺兰山自然保护区主要优势树种（组）固土量和保肥量的垂直分布格局中（图
3-25、图 3-26），以灌木林和云杉林为最大，2400～3000 米段和 3000～3500 米段固土量和
保肥量都高于 1800～2400 米段，阴坡高于阳坡的分布规律。2400～3000 米段和 3000～3500

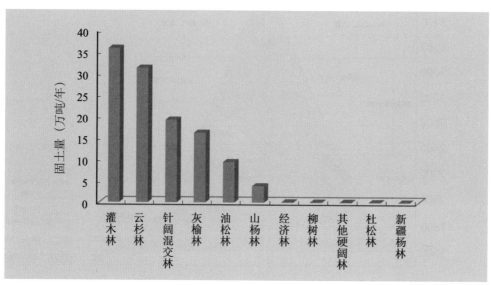

图 3-24　宁夏贺兰山自然保护区不同优势树种（组）固土量

米段年降雨量300～400毫米，是1800～2400米段年降雨量200毫米左右的一倍，使得植被生长相对较好，覆盖度较高。林下枯落物层较厚，减少降雨径流冲刷的侵蚀，而且植物根系形成根系网，能够较好地固持土壤（Ritsema et al., 2003）。加上人为干扰因素较少，使

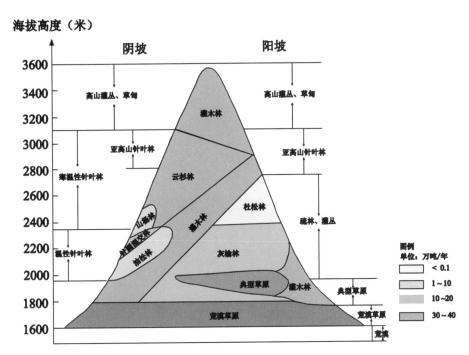

图 3-25　宁夏贺兰山自然保护区主要优势树种（组）固土量垂直分布

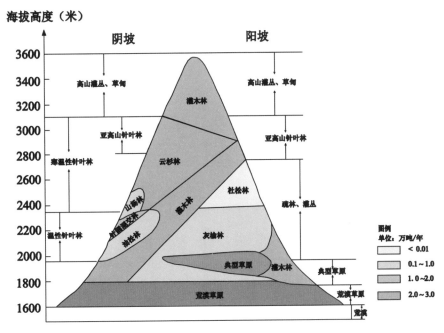

图 3-26　宁夏贺兰山自然保护区主要优势树种（组）保肥量垂直分布

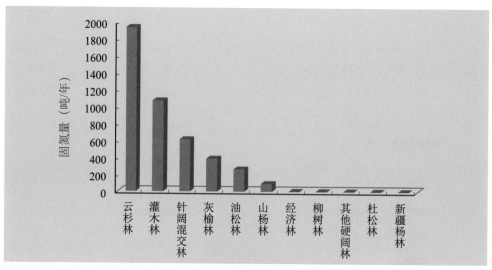

图 3-27　宁夏贺兰山自然保护区不同优势树种（组）固氮量

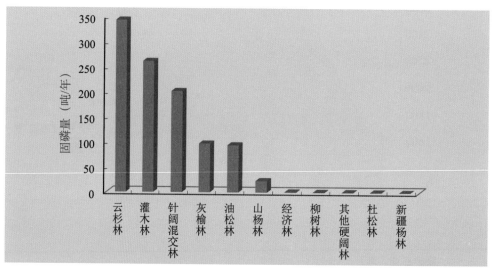

图 3-28　宁夏贺兰山自然保护区不同优势树种（组）固磷量

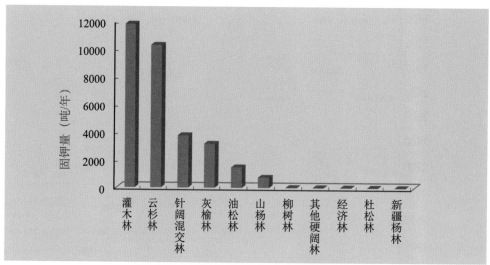

图 3-29　宁夏贺兰山自然保护区不同优势树种（组）固钾量

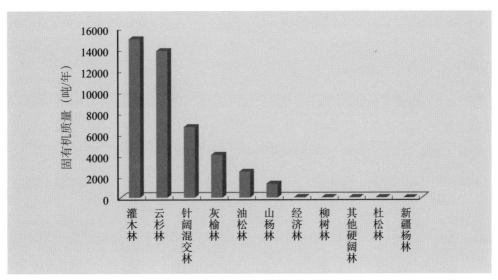

图 3-30　宁夏贺兰山自然保护区不同优势树种（组）固定有机质量

得 2400～3000 米段和 3000～3500 米段优势树种（组）固土量较多，保肥量较高。

宁夏贺兰山自然保护区森林生态系统保肥量以灌木林、云杉林和针阔混交林为最大，分别为 28062.75、26369.35 和 11237.96 吨 / 年，占到保肥总量的 82.07%；最小的三个优势树种（组）为杜松林、新疆杨林和其他硬阔林，仅占到本次测算保肥总量的 0.1%。依据《2015年宁夏统计年鉴》，2014 年贺兰县农用化肥施用量为 61550 吨，银川市的农用化肥施用量为 242639 吨，而灌木林、云杉林和针阔混交林三个优势树种（组）的保肥总量为 65670.06 吨 / 年，是贺兰 2014 年化肥施用量的 1.07 倍，相当于银川市化肥施用量的 27.06%。所以，宁夏贺兰山自然保护区三个优势树种（组）的保育土壤功能对于保障当地的生态环境安全具有非常重要的作用（图 3-27 至图 3-30）。

三、固碳释氧

固碳量最高的 3 种优势树种（组）为云杉林、灌木林和针阔混交林，占宁夏贺兰山自然保护区森林固碳总量的 71.18%；固碳量最低的 3 种优势树种（组）为经济林、杜松林和新疆杨林，仅占宁夏贺兰山自然保护区森林固碳总量的 0.10%（图 3-31）。不同优势树种（组）固碳量的大小为：云杉林＞灌木林＞针阔混交林＞灰榆林＞油松林＞其他硬阔林＞柳树林＞山杨林＞经济林＞杜松林＞新疆杨林。上节计算得出 2014 年贺兰县碳排放量为 30.46 万吨，而宁夏贺兰山自然保护区 3 种优势树种（组）固碳量为 2.37 万吨，相当于吸收了 2014 年贺兰县碳排放总量的 7.78%，由此可以看出云杉林、灌木林和针阔混交林 3 种优势树种（组）在固碳方面的作用尤为突出。

释氧量最高的 3 种优势树种为云杉林、灌木林和针阔混交林，占宁夏贺兰山自然保护区森林释氧总量的 68.66%；释氧量最低的 3 种优势树种（组）为经济林、杜松林和新疆杨林，

仅占宁夏贺兰山自然保护区森林释氧总量的 0.10%（图 3-32）。不同优势树种（组）释氧量
的大小为：云杉林 > 灌木林 > 针阔混交林 > 灰榆林 > 其他硬阔林 > 油松林 > 柳树林 > 山杨
林 > 经济林 > 杜松林 > 新疆杨林。

在宁夏贺兰山自然保护区主要优势树种（组）固碳和释氧量的垂直分布格局中（图 3-33、
图 3-34），以灌木林和云杉林为最大，并以 2400~3000 米段和 3000~3500 米段固碳和释氧
量高于 1800~2400 米段，阴坡高于阳坡的规律分布。2400~3000 米段和 3000~3500 米段
年降雨量为 300~400 毫米，而 1800~2400 米段的年降雨量为 200 毫米左右，降水多出近
一倍，同时，宁夏贺兰山自然保护区降水又多集中在夏季，雨热同期，从而使得植被能够
快速生长（王小明，2011），可以从空气中吸收更多的二氧化碳，经过光合作用释放较多的
氧气，再加上云杉林和灌木林面积较大，且云杉林多分布在阴坡，从而使得这两个优势树
种（组）固碳释氧量相对较多，且阴坡多于阳坡。

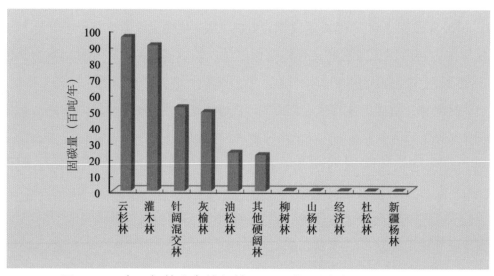

图 3-31　宁夏贺兰山自然保护区不同优势树种（组）**固碳量**

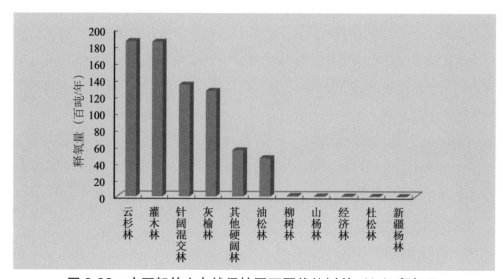

图 3-32　宁夏贺兰山自然保护区不同优势树种（组）**释氧量**

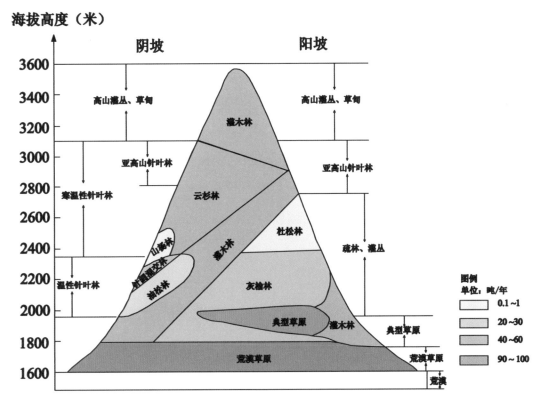

图 3-33　宁夏贺兰山自然保护区主要优势树种（组）固碳量垂直分布

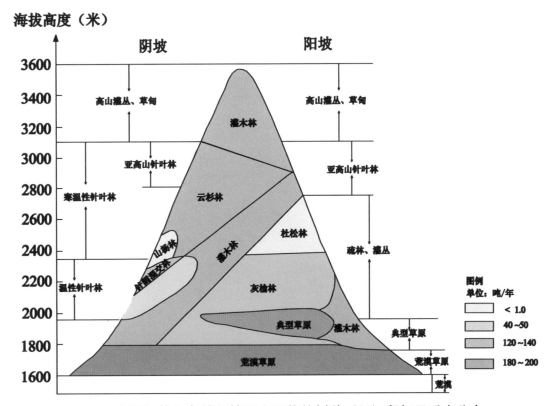

图 3-34　宁夏贺兰山自然保护区主要优势树种（组）释氧量垂直分布

四、林木积累营养物质

由图 3-35 至图 3-37 可以看出宁夏贺兰山自然保护区不同优势树种（组）中，以灌木林、针阔混交林和云杉林积累营养物质量最大，3 种优势树种（组）积累氮量分别为 125.69 吨/年、82.97 吨/年和 77.13 吨/年，占宁夏贺兰山自然保护区林木积累氮总量的 73.12%；积累磷量分别为 12.93 吨/年、8.18 吨/年和 6.65 吨/年，占宁夏贺兰山自然保护区林木积累磷总量的 75.78%；积累钾量分别为 78.09 吨/年、60.77 吨/年和 55.53 吨/年，占宁夏贺兰山自然保护区林木积累钾总量的 68.05%。经济林、杜松林和新疆杨林积累营养物质量最小，3 种优势树种（组）积累氮量分别为 0.17 吨/年、0.11 吨/年和 0.01 吨/年，仅占宁夏贺兰山自然保护区林木积累氮总量的 0.08%；积累磷量分别为 0.02 吨/年、0.01 吨/年和 0.01 吨/年，占宁夏贺兰山自然保护区林木积累磷总量的 0.09%；积累钾量分别为 0.15 吨/年、0.09 吨/年和 0.02 吨/年，占宁夏贺兰山自然保护区林木积累钾总量的 0.09%。依据《2015 年宁

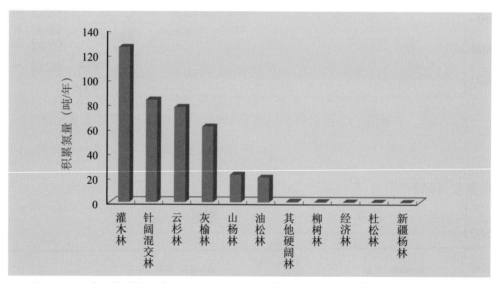

图 3-35　宁夏贺兰山自然保护区不同优势树种（组）林木积累氮物质量

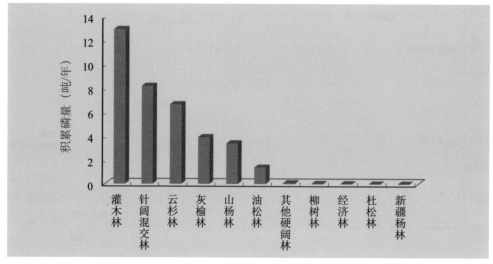

图 3-36　宁夏贺兰山自然保护区不同优势树种（组）林木积累磷物质量

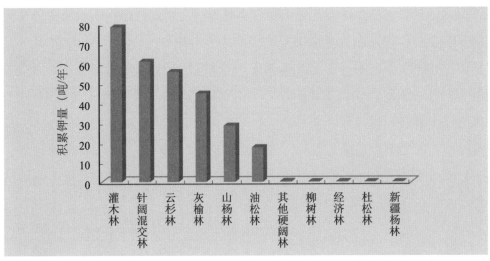

图 3-37　宁夏贺兰山自然保护区不同优势树种（组）林木积累钾物质量

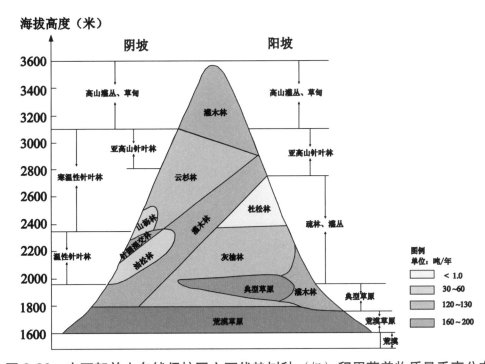

图 3-38　宁夏贺兰山自然保护区主要优势树种（组）积累营养物质量垂直分布

夏统计年鉴》，2014 年贺兰县化肥施用量为 61550 吨，3 种优势树种（组）积累氮、磷、钾量分别为 285.79 吨 / 年、27.76 吨 / 年、178.25 吨 / 年，经化肥氮、磷、钾含量（附表 4）转换，可得 3 种优势树种（组）年积累营养物质量相当于 2582.80 吨化肥，占到贺兰县 2014 年化肥施用量的 4.19%，由此可以看出灌木林、针阔混交林和云杉林 3 种优势树种（组）积累营养物质的功能的重要性。

从图 3-38 可以看出，宁夏贺兰山自然保护区林木积累营养物质量垂直分布呈现 2400～3000 米段和 3000～3500 米段高于 1800～2400 米段，阴坡多于阳坡，并以灌木林、云杉林等积累营养物质量为最大的变化趋势。林木在生长过程中不断从周围环境吸收营养物质，固定在植物体中，成为全球生物化学循环不可缺少的环节（Alifragis et al., 2001）。林木积累营养物质服务功能首先是维持自身生态系统的养分平衡，其次才是为人类提供生态系统服务。林木积累营养物质功能与固土保肥中的保肥功能，无论从机理、空间部位、还是计算方法上都有本质区别，它属于生物地球化学循环的范畴，而保肥功能是从水土保持的角度考虑，即如果没有这片森林，每年水土流失中也将包含一定的营养物质，属于物理过程。从林木积累营养物质可以看出，灌木林和云杉林可以在一定程度上减少因为水土流失而带来的养分损失，从而降低水库水体富营养化。

五、净化大气环境

从图3-39可知，不同优势树种（组）中以云杉林、针阔混交林和油松林提供负离子的量最多，分别为 72.44×10^{21} 个/年、25.68×10^{21} 个/年及 18.48×10^{21} 个/年，共占宁夏贺兰山自然保护区森林提供负离子总量的79.77%；提供负离子量最少的为经济林、杜松林及其他硬阔林，分别为 0.08×10^{21} 个/年、0.07×10^{21} 个/年及 0.01×10^{21} 个/年，仅占宁夏贺兰山自然保护区森林提供负离子总量的0.10%。不同优势树种（组）提供负离子量的大小顺序为：云杉林＞针阔混交林＞油松林＞灌木林＞灰榆林＞新疆杨林＞柳树林＞山杨林＞经济林＞杜松林＞其他硬阔林。随着森林生态旅游的兴起及人们保健意识的增强，空气负离子作为一种重要的森林旅游资源已越来越受到人们的重视。

主要优势树种（组）提供负离子存在着显著的垂直分布特点（图3-40），其提供负离子的能力也存在显著的差异，呈现2400～3000米段和3000～3500米段高于1800～2400米段，阴坡高于阳坡的变化趋势，并以云杉林产生负离子量为最多。这是因为，首先是海拔梯度的

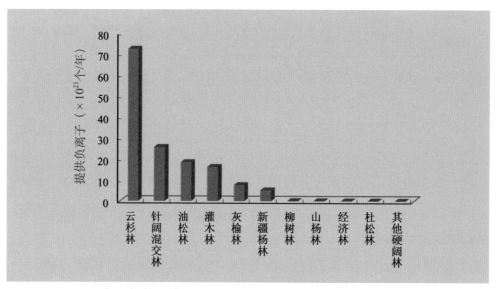

图3-39 宁夏贺兰山自然保护区不同优势树种（组）提供负离子量

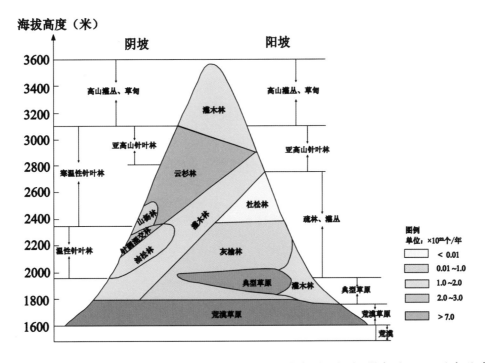

图 3-40　宁夏贺兰山自然保护区主要优势树种（组）提供负离子量垂直分布

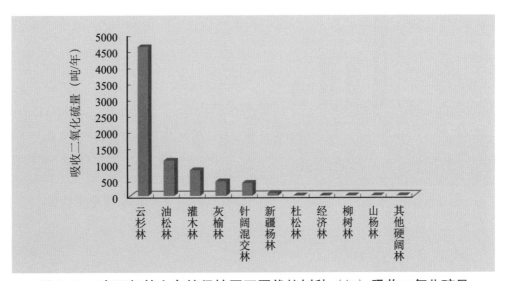

图 3-41　宁夏贺兰山自然保护区不同优势树种（组）吸收二氧化硫量

影响，海拔能够显著影响森林负离子浓度的变化，同时，宇宙射线是自然界产生负离子的重要来源，海拔越高则负离子浓度增加的越快。其次，与植物的生长息息相关。宁夏贺兰山自然保护区森林多为中龄林和近熟林，植物的生长活力高，能够产生较多的负离子，这与"年龄依赖"假设（Tikhonov et al.，2014）相吻合。第三，叶片形态结构不同也是导致产生负离子量不同的重要原因。从叶片形态上来说，针叶树针状叶的等曲率半径较小，具有"尖端放电"功能，且产生的电荷能使空气发生电离从而产生更多的负离子（牛香，2017）。

从图 3-41 可知，不同优势树种（组）中以云杉林、油松林和灌木林吸收二氧化硫的量最多，分别为 4606.7 吨 / 年、1095.6 吨 / 年及 799.1 吨 / 年，共占宁夏贺兰山自然保护区森林吸收二氧化硫总量的 87.24%；吸收二氧化硫量最少的为柳树林、山杨林及其他硬阔林，分别为 2.0 吨 / 年、1.9 吨 / 年及 0.1 吨 / 年，仅占宁夏贺兰山自然保护区森林吸收二氧化硫总量的 0.05%。不同优势树种（组）吸收二氧化硫量的大小顺序为：云杉林 > 油松林 > 灌木林 > 灰榆林 > 针阔混交林 > 新疆杨林 > 杜松林 > 经济林 > 柳树林 > 山杨林 > 其他硬阔林。《2015年宁夏统计年鉴》显示，贺兰县工业二氧化硫排放量为 3754 吨，三个优势树种（组）吸收二氧化硫量为 6501.38 吨 / 年，是贺兰县 2014 年二氧化硫工业排放量的 1.73 倍，表明这三种优势树种（组）吸收二氧化硫的功能较强。

从图 3-42 可知，不同优势树种（组）中以云杉林、灌木林和油松林吸收氟化物量最多，分别为 148.6 吨 / 年、44.2 吨 / 年及 43.0 吨 / 年，共占宁夏贺兰山自然保护区森林吸收氟化

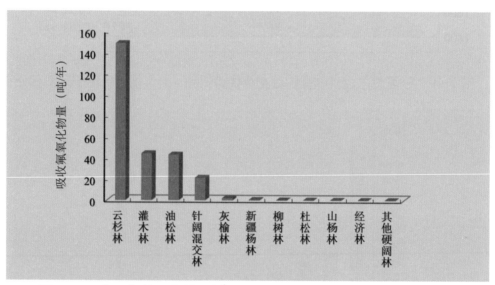

图 3-42　宁夏贺兰山自然保护区不同优势树种（组）吸收氟化物量

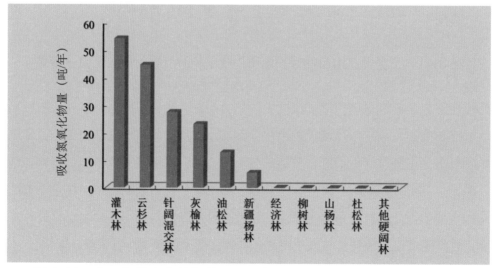

图 3-43　宁夏贺兰山自然保护区不同优势树种（组）吸收氮氧化物量

物总量的 90.75%；吸收氟化物量最少的为山杨林、经济林及其他硬阔林，分别为 0.1 吨 / 年、0.1 吨 / 年及 0.1 吨 / 年，仅占宁夏贺兰山自然保护区森林吸收氟化物总量的 0.05%。不同优势树种（组）吸收氟化物量的大小顺序为：云杉林 > 灌木林 > 油松林 > 针阔混交林 > 灰榆林 > 新疆杨林 > 柳树林 > 杜松林 > 山杨林 > 经济林 > 其他硬阔林。

从图 3-43 可知，不同优势树种（组）中以灌木林、云杉林和针阔混交林吸收氮氧化物量最多，分别为 54.1 吨 / 年、44.6 吨 / 年及 27.4 吨 / 年，共占宁夏贺兰山自然保护区森林吸收氮氧化物总量的 75.03%；吸收氮氧化物量最少的为山杨林、杜松林及其他硬阔林，分别为 0.1 吨 / 年、0.1 吨 / 年及 0.1 吨 / 年，仅占宁夏贺兰山自然保护区森林吸收氮氧化物总量的 0.12%。不同优势树种（组）吸收氮氧化物量的大小顺序为：灌木林 > 云杉林 > 针阔混交林 > 灰榆林 > 油松林 > 新疆杨林 > 经济林 > 柳树林 > 山杨林 > 杜松林 > 其他硬阔林。《2015年宁夏统计年鉴》显示，贺兰县工业氮氧化物排放量为 2543 吨，三个优势树种（组）吸收氮氧化物量为 126.08 吨 / 年，占到贺兰县 2014 年氮氧化物工业排放量的 4.95%。

主要优势树种（组）吸收污染物量呈现出明显的垂直变化（图 3-44），以 2400～3000 米段云杉林吸收污染物的量最大，呈现出 2400～3000 米段和 3000～3500 米段高于 1800～2400 米段，阴坡多于阳坡的变化。一般来说，气孔密度大，叶面积指数大，叶片表面粗糙及绒毛、分泌黏性油脂和汁液等较多的树种，可吸附和黏着更多的污染物（牛香，2017）。针叶树种与阔叶树种相比，针叶树绒毛多、表面分泌更多的油脂和黏性物质，气孔浓度偏大，污染物易于在叶表面附着和滞留；阔叶树种虽然叶片较大，但表面比较光滑，分泌的油脂和黏性物质较少，不易

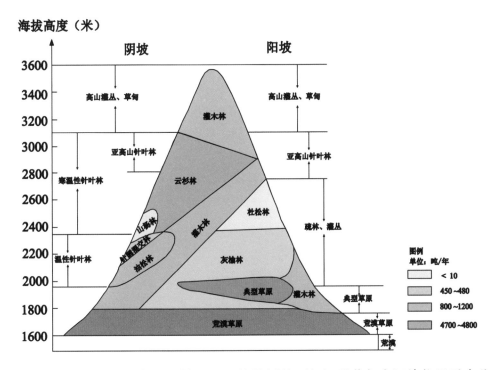

图 3-44　宁夏贺兰山自然保护区主要优势树种（组）吸收气态污染物量垂直分布

于污染物的附着和滞留（Neihuis et al., 1998）。另外针叶树种为常绿树种，叶片可以一年四季吸收污染物。基于上述原因，使得宁夏贺兰山自然保护区云杉林吸收污染物量最多。

从图 3-45 可知，不同优势树种（组）中以云杉林、灌木林和油松林滞尘量最多，分别为 23.76 万吨 / 年、9.10 万吨 / 年及 6.87 万吨 / 年，共占宁夏贺兰山自然保护区森林滞尘总量的 80.40%；滞尘量最少的为柳树林、山杨林及其他硬阔林，分别为 0.02 万吨 / 年、0.02 万吨 / 年及 0.01 万吨 / 年，仅占宁夏贺兰山自然保护区森林滞尘总量的 0.09%。不同优势树种（组）滞尘量的大小顺序为：云杉林 > 灌木林 > 油松林 > 针阔混交林 > 灰榆林 > 新疆杨林 > 杜松林 > 经济林 > 柳树林 > 山杨林 > 其他硬阔林。《2015 年宁夏统计年鉴》显示，贺兰县工业烟（粉）尘排放量为 2449 吨，三个优势树种（组）吸滞尘量为 39.73 万吨 / 年，是贺兰县 2014 年氮氧化物工业排放量的 158 倍，由结果可以看出云杉林、灌木林和油松林滞尘功能较强，能够滞纳较多的空气颗粒物。

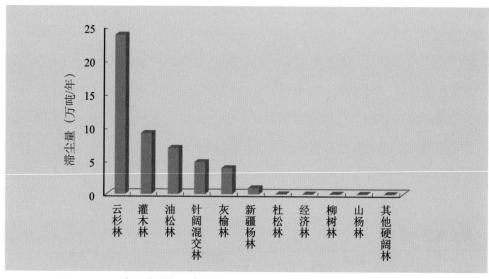

图 3-45　宁夏贺兰山自然保护区不同优势树种（组）滞尘量

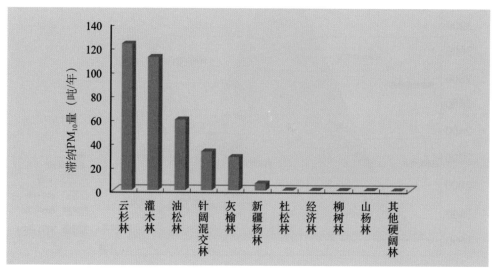

图 3-46　宁夏贺兰山自然保护区不同优势树种（组）滞纳 PM$_{10}$ 量

从图 3-46 可知，不同优势树种（组）中以云杉林、灌木林和油松林滞纳 PM_{10} 量最多，分别为 122.77 吨 / 年、111.61 吨 / 年及 59.27 吨 / 年，共占宁夏贺兰山自然保护区森林滞纳 PM_{10} 总量的 81.28%；滞纳 PM_{10} 量最少的为柳树林、山杨林及其他硬阔林，分别为 0.18 吨 / 年、0.16 吨 / 年及 0.01 吨 / 年，仅占宁夏贺兰山自然保护区森林滞纳 PM_{10} 总量的 0.09%。不同优势树种（组）滞纳 PM_{10} 量的大小顺序为：云杉林 > 灌木林 > 油松林 > 针阔混交林 > 灰榆林 > 新疆杨林 > 杜松林 > 经济林 > 柳树林 > 山杨林 > 其他硬阔林。

从图 3-47 可知，不同优势树种（组）中以云杉林、灌木林和油松滞纳 $PM_{2.5}$ 量最多，分别为 36.18 吨 / 年、18.22 吨 / 年及 9.18 吨 / 年，共占宁夏贺兰山自然保护区森林滞纳 $PM_{2.5}$ 总量的 82.10%；滞纳 $PM_{2.5}$ 量最少的为柳树林、山杨林及其他硬阔林，分别为 0.04 吨 / 年、0.03 吨 / 年及 0.01 吨 / 年，仅占宁夏贺兰山自然保护区森林滞纳 $PM_{2.5}$ 总量的 0.09%。不同优势树种（组）滞纳 $PM_{2.5}$ 的大小顺序为：云杉林 > 灌木林 > 油松林 > 针阔混交林 > 灰榆林 > 新疆杨林 > 杜松林 > 经济林 > 柳树林 > 山杨林 > 其他硬阔林。《2015 年宁夏环境状况公报》显示，2015 年宁夏全区 $PM_{2.5}$ 年均浓度范围为 38~51 微克 / 立方米，全区的平均浓度为 47 微克 / 立方米，同比下降 4.1 个百分点，取得这样的结果是因为全区各级政府部门狠抓治污减排工作，但同时，也仰仗于林业在治污减霾中发挥的重要作用。

主要优势树种（组）滞尘量呈现出明显的垂直变化（图 3-48），以 2400~3000 米段云杉林滞尘量最大，呈现出 2400~3000 米段和 3000~3500 米段高于 1800~2400 米段，阴坡多于阳坡，针叶树种高于阔叶树种的变化，这与优势树种（组）的分布、面积和不同树种叶片表面特征及结构有关。宁夏贺兰山自然保护区乔木林主要分布在 2000~3000 米段，这是由温度和降水因子决定的，是促成该区段滞尘最多的主要原因。其次，植物对于污染物的阻滞吸收是一个复杂的过程，尤其与叶片表面的湿润程度、表面结构、植物和污染物本

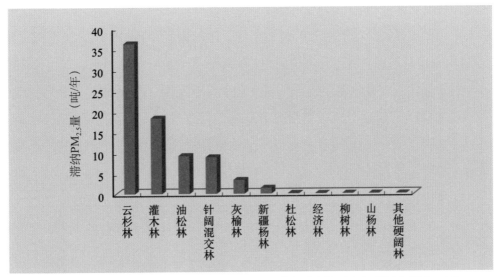

图 3-47 宁夏贺兰山自然保护区不同优势树种（组）滞纳 $PM_{2.5}$ 量

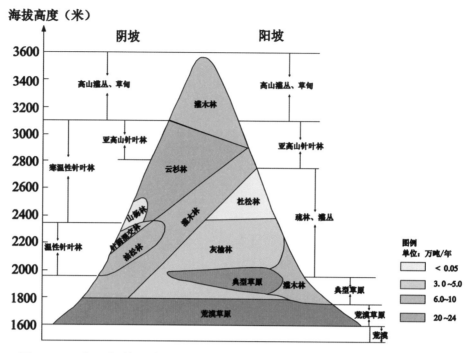

图 3-48　宁夏贺兰山自然保护区主要优势树种（组）滞尘量垂直分布

身的性质等因素有关（牛香，2017）。叶片表面特性的差异是导致植物吸滞空气中颗粒物能力不同的主要原因，针叶树种有较小的叶子和较复杂的枝茎，且叶面积指数大，可以更有效地去除空气颗粒物（Hwang et al.，2011）。

在各优势树种（组）中以云杉林和灌木林的生态系统服务功能物质量为最高，以其他硬阔林、经济林和新疆杨的物质量为最低。宁夏贺兰山地处温带草原与荒漠的过度地带，山体海拔较高，受温度和降水条件的影响，使得贺兰山森林植被有着明显的垂直分布特点，降水随着海拔的升高呈现逐渐增加的趋势，温度随着海拔升高呈现出下降的趋势，温度和降水对海拔梯度的变化是截然相反，在海拔 2000～3000 米的范围内，温度和降水因子达到宁夏贺兰山自然保护区森林植被生长的最适条件，这恰恰也是云杉林的分布范围（楼晓钦，2012）。宁夏贺兰山自然保护区云杉林树高可达 23 米，胸径 30～60 厘米，冠层郁闭性较好，林下多为苔藓植被覆盖。林木冠层能够对降水进行二次分配，降低雨滴的下落速度，减少到达地面雨滴的动能，减轻雨滴对地面的击溅侵蚀，减少进入河流的泥沙量（Xiao et al.，2014）；强大的根系在地下盘根错节，形成复杂的根系网，能够牢牢地抓住泥土，同时也能够拦蓄降水，起到涵养水源的作用，从而能够更好地减少水土流失（Tan et al.，2005）；林下的枯枝落叶覆盖在地表，消减了下落雨滴的动能，减轻地表水分的蒸发，减缓水流的汇集，防止短而急的降雨汇集形成洪峰，减少洪水、泥石流等自然灾害的发生，更好的发挥森林的生态效益（Ritsema et al.，2003）。灌木林在宁夏贺兰山自然保护区大面积分布，这也是由当地降水总体较少、气候干旱的因素决定的。大面积灌木林的存在，能够防风固沙，

降低风速，减少风的携沙能力，使得风携带的沙物质沉降，起到防风减沙和净化空气的作用（Liu et al.，2003）；同时，灌木能够阻挡沙粒，增大沙粒的起沙风速，使沙粒不能轻易飞扬，加之灌木多圆球状、簇状的结构形态，能够更好地阻挡风沙，从而起到较好的防风固沙效果；而灌木林下的凋落物层既能截持降水，使地表免受雨滴的直接冲击，又能阻滞径流和地表冲刷，而且凋落物分解形成土壤腐殖质，能显著地改善土壤结构，提高土壤的渗透性（Fu et al.，2011），从而使得灌木林的生态效益也相对较高。

本研究中，将森林滞纳 PM_{10} 和 $PM_{2.5}$ 从滞尘功能中分离出来，进行了独立的评估。从评估结果中可以看出，云杉林和灌木林吸附与滞纳空气污染物的量较多，作为针叶树种的云杉林，其净化大气环境能力高主要是由于其自然滞尘的速率较高且森林面积较大（张维康，2015）；同时，云杉林分布区段降雨量相对较大、次数较多，在降雨的作用下，树木叶片表面滞纳的颗粒物能够再次悬浮回到空气中，或洗脱至地面，使叶片具有反复滞纳颗粒物的能力。灌木林是由于其面积较大，分布广泛，从而使得其滞纳能力也相对较强。

第四节　不同起源类型森林生态系统服务功能物质量评估结果

天然林是自然界中结构最复杂、功能最完备的陆地生态系统，是我国森林资源的主体，是国家的重要战略性资源，在维护生态平衡、应对气候变化、保护生物多样性中发挥着关键性作用。人工林是恢复和重建的森林生态系统，在提供林木产品、改善生态环境等方面发挥着越来越大的作用。宁夏贺兰山自然保护区不同起源森林生态系统服务功能物质量评估结果见表3-4，从表中可以看出天然林的生态系统服务物质量远远高于人工林。

表3-4　宁夏贺兰山自然保护区不同起源森林生态系统服务功能物质量

起源	调节水量（万立方米/年）	固土保肥					固碳释氧	
		固土（万吨/年）	固氮（吨/年）	固磷（吨/年）	固钾（吨/年）	固有机质（吨/年）	固碳（百吨/年）	释氧（百吨/年）
天然林	4406.28	115.67	4364.68	1020.71	31230.67	43226.51	333.01	731.84
人工林	10.08	0.29	7.40	2.11	52.75	108.86	0.91	2.11

起源	林木营养积累(吨/年)			净化大气环境				
	氮	磷	钾	提供负离子（×10²¹个）	吸收污染物（吨/年）	滞尘量（万吨/年）	滞纳PM_{10}（吨/年）	滞纳$PM_{2.5}$（吨/年）
天然林	389.59	36.47	284.97	145.83	7873.41	49.35	360.56	77.22
人工林	1.24	0.16	0.71	0.35	7.09	0.07	0.71	0.22

宁夏贺兰山自然保护区森林生态系统服务功能物质量与森林起源结构密切相关。人工林和天然林群落结构与物种多样性方面存在着巨大差异，天然林的群落层次比人工林复杂，物种多样性比人工林丰富。而人工林由于其集约化的经营管理措施使得林分结构良好，林分的生长速度要快于天然林。自 2000 年启动实施的天然林保护工程，将宁夏贺兰山自然保护区全境纳入天然林保护工程范围，使得林内野生动、植物种群数量得到了恢复，记录在册的野生维管植物 647 种，野生脊椎动物 218 种，属于国家重点保护的动物有 40 种。其中国家二级保护动物岩羊的种群数量由天保工程实施前的 7000 多只达到如今的 4.3 万多只，是世界上岩羊分布密度最大的地区之一。发现苔藓植物中国新记录种 3 个，宁夏新纪录种 126 个，大型真菌宁夏新纪录种 73 个，脊椎动物宁夏新纪录 1 个，昆虫宁夏新纪录 280 个。生态环境发生天翻地覆的变化，黄刺梅、金露梅、灰榆等乔木、灌木连片生长，筑起了一道绿色屏障（宁夏新闻网，2016-12-26）。天保工程的实施使得宁夏贺兰山自然保护区森林得以休养生息和恢复发展，使得其森林生态系统服务功能显著增强。

宁夏贺兰山自然保护区森林生态系统服务功能价值量评估

采用分布式测算方法，主要从涵养水源、保育土壤、固碳释氧、林木积累营养物质、净化大气环境、生物多样性保护和森林游憩 7 个方面对宁夏贺兰山自然保护区的森林生态系统服务功能价值量进行科学评估。

第一节　宁夏贺兰山自然保护区森林生态系统服务功能价值量评估结果

根据评估指标体系及其计算方法，得出 2014 年宁夏贺兰山自然保护区森林生态系统服务功能总价值为 17.26 亿元 / 年，依据《2015 年宁夏统计年鉴》可知贺兰县 2014 年的第三产业值为 36.23 亿元，评估的价值相当于 2014 年贺兰县第三产业值的 47.64%，单位面积森林提供的价值量为 6.25 万元 /（公顷·年）。各项生态系统服务的价值及所占比例详见表 4-1。

宁夏贺兰山自然保护区森林生态系统服务总价值量构成如图 4-1 所示。从图中可以看出，净化大气环境价值量最高，为 5.12 亿元 / 年，占森林生态系统服务总价值量的 29.66%；生物多样性保护的价值量次之，为 3.93 亿元 / 年，占森林生态系统服务总价值量的 22.77%；林木积累营养物质的价值量最低，为 0.12 亿元 / 年，仅占森林生态系统服务总

表 4-1　宁夏贺兰山自然保护区森林生态系统服务功能价值量评估结果

功能项	涵养水源	保育土壤	固碳释氧	林木积累营养物质	净化大气环境	生物多样性保护	森林游憩	合计
价值量（亿元/年）	3.75	0.69	3.14	0.12	5.12	3.93	0.51	17.26
比例（%）	21.73	4.00	18.19	0.70	29.66	22.77	2.95	100

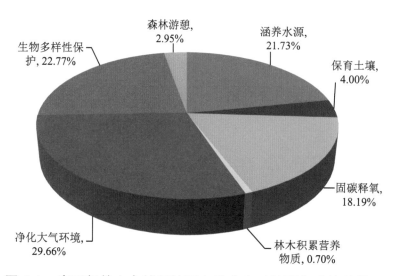

图 4-1　宁夏贺兰山自然保护区森林生态系统服务功能价值量比例

价值量的 0.70%。各项功能价值量大小的排序为：净化大气环境 > 生物多样性保护 > 涵养水源 > 固碳释氧 > 保育土壤 > 森林游憩 > 林木积累营养物质。

一、净化大气环境价值

在宁夏贺兰山自然保护区森林生态系统所提供的诸项服务价值中，净化大气环境的价值量所占比例最高，这是因为本研究在计算净化大气环境的生态系统服务功能时，重点考虑了森林滞纳 PM_{10} 和 $PM_{2.5}$ 的价值。我们知道 $PM_{2.5}$ 这种可入肺的细颗粒物，以其粒径小，富含有毒物质多，在空气中停留时间长，可远距离输送，因而对人体健康和大气环境质量的影响更大（Li et al., 2010）。本次的研究采用健康损失法测算了由于 PM_{10} 和 $PM_{2.5}$ 的存在对人体健康造成的损伤，用损失的健康价值替代 PM_{10} 和 $PM_{2.5}$ 带来的危害，从而使得评估的净化大气环境的价值量最高。宁夏贺兰山矗立于我国西北生态环境恶劣区，是荒漠与半荒漠的分界线，常常遭受西北风沙的侵袭。例如，1993 年 5 月在中国西北的沙漠戈壁地区及其东缘，发生了一次特强沙尘暴，席卷了新疆古尔班通古特及东疆戈壁，甘肃河西走廊，内蒙古阿拉善的巴丹吉林沙漠、腾格里沙漠，宁夏平原及河东沙区和沙黄土区的 18 个地（市），72 个县，平均风速 7~8 级，最大风力达 12 级，对这些地区的经济和人民生命财产造成了极大的危害（中国气象影视信息网，2006-04-10）。宁夏贺兰山自然保护区森林生态系统的净化大气环境功能对于维持宁夏的生态安全起着非常重要的作用。依据《2015 年宁夏环境状况公报》，宁夏贺兰山地区年平均风速为 7.5 米 / 秒，大风日数达 157.7 天，最大风速为 38.7 米 / 秒；2015 年，宁夏全区共出现沙尘天气 5 次，浮尘天气 4 次，扬尘天气 1 次，造成空气中的悬浮颗粒物增多。宁夏贺兰山自然保护区森林植被能够有效地起到滞纳颗粒物的作用，净化大气环境，从而维护人居环境的安全，有利于区域生态文明的建设，最终实现宁夏全区社会、经济与环境的可持续发展。

二、生物多样性保护价值

生物多样性保护价值仅次于净化大气环境价值，排在本次评估价值量的第二位。这是因为贺兰山是我国西部重要的气候和植被分界线，贺兰山以东是草原气候和草原植被，贺兰山以西是荒漠气候和荒漠植被，处于青藏高原、蒙古高原和华北平原的交界处，特殊的地理环境塑造了贺兰山独特的生物类群，它是我国八大生物多样性中心之一的阿拉善—鄂尔多斯中心的核心区域，与其他生物多样性中心不同的是它处于我国生态环境严酷的荒漠与半荒漠地带，并且区系起源古老、多是古地中海干旱植物的后裔，有贺兰山特有种如贺兰山蝇子草、贺兰山丁香、大叶细裂槭、毛细裂槭、紫红花大瓣铁线莲等，是戈壁荒漠区乃至整个亚洲荒漠区特有植物集中的一个分布区，也是我国唯一位于北方的生物多样性中心（王小明，2011）。生物群落在大范围的生态平衡中，发挥了重大作用，为人类社会提供了多种价值和效益。贺兰山及其植被具有十分显著的生态效益。贺兰山耸立在银川平原的西北侧，像一道巨大的墙壁，有力地削弱冬季来自西伯利亚的寒冷气流，同时还阻减了腾格里沙漠向东侵移，从而保护了银川平原免受被流沙吞没的危险（Deng et al., 2006）。然而光秃的山地仅具有机械性的屏障作用，而有了森林等绿色植被的覆盖，才能互相补充，相得益彰，使其生态效益更为显著。贺兰山覆盖着各种植被类型，其中森林是该区域生态系统的核心，具有涵养水源、保持水土、调控洪水、净化空气，为野生动物提供优越的生存环境等多种功能，从而维系着贺兰山森林生态系统的完整与稳定，并对银川平原产生良好的生态效益。基于上述原因使得宁夏贺兰山自然保护区森林生态系统的生物多样性保护功能价值量较高。

三、涵养水源价值

涵养水源价值占整个宁夏贺兰山自然保护区森林生态系统服务功能总价值量的比例排在第三位，但仍超过了价值总量的五分之一。贺兰山东麓水系属黄河水系上游下段宁夏黄河左岸分区，东麓有大小沟道 67 条，多数沟道为季节性河流，植被较好的沟道常流水，径流深可达 20 毫米（Liu et al., 2004）。受地形地貌及气候影响，沟道水流具有暴涨暴落特性。宁夏贺兰山自然保护区的森林植被保护完好，使得保护区内森林起到了显著的调蓄洪水和涵养水源的功能。

四、森林游憩的价值

宁夏贺兰山自然保护区森林游憩的价值量为 0.51 亿元 / 年，这得益于宁夏贺兰山自然保护区旅游资源十分丰富，是宁夏东线的黄金旅游线路。周边有西夏王陵、贺兰山国家森林公园、苏峪口摩崖佛、贺兰山滚钟口和贺兰山岩画等国家重点风景名胜区（Yang et al., 2013）。这里有中国各个时期的长城遗址，有古老神奇的冰川地貌、完整的原始森林垂直分布景观、雄伟险秀的山麓地貌、珍稀特有的野生动植物资源，自然景观和人文景观等诸多景观交织辉映，构成了贺兰山东麓旅游资源的精粹。正是借助周边丰富的旅游资源，使得宁夏贺兰山自然保护区的森林游憩功能较为显著，价值量也相当可观。

第二节　5个管理站森林生态系统服务功能价值量评估结果

宁夏贺兰山自然保护区5个管理站各项森林生态系统服务功能价值量及所占比例详见表4-2和图4-2。从表中可以看出，大水沟管理站的生态系统服务价值量最大，达到了6.53亿

表4-2　宁夏贺兰山自然保护区5个管理站森林生态系统服务功能价值量评估结果

单位：$\times 10^8$ 元/年，%

管理站	涵养水源	保育土壤	固碳释氧	林木积累营养物质	净化大气环境			生物多样性保护	森林游憩	合计	比例
					功能合计	滞纳PM_{10}	滞纳$PM_{2.5}$				
红果子	0.23	0.04	0.13	0.01	0.30	0.01	0.26	0.17	0.03	0.91	5.27
石嘴山	0.54	0.09	0.40	0.01	0.70	0.01	0.58	0.49	0.02	2.25	13.04
大水沟	1.42	0.26	1.21	0.05	1.96	0.04	1.35	1.61	0.03	6.54	37.89
苏峪口	0.50	0.10	0.44	0.02	0.72	0.02	0.43	0.60	0.33	2.71	15.70
马莲口	1.06	0.20	0.96	0.03	1.44	0.03	0.99	1.06	0.10	4.85	28.10
合计	3.75	0.69	3.14	0.12	5.12	0.11	3.61	3.93	0.51	17.26	100

注：森林游憩包含三部分：贺兰山国家森林公园旅游收入0.3000亿元、宁夏银川市贺兰山滚钟口风景区旅游收入0.075亿元、贺兰山岩画管理处旅游收入0.130亿元。为了计算方便，根据收入主要地理区域将森林公园旅游收入归于苏峪口管理站，滚钟口管理所旅游收入归于马莲口管理站，贺兰山岩画管理处旅游收入平均到5个管理站。

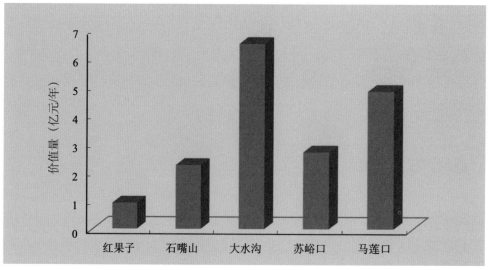

图4-2　宁夏贺兰山自然保护区5个管理站森林生态系统服务功能价值量

元 / 年，占到总价值量的 37.83%；之后是马莲口、苏峪口和石嘴山管理站，分别为 4.86 亿元 / 年、2.71 亿元 / 年和 2.25 亿元 / 年，占到相应总价值量的 28.16%、15.70% 及 13.04%；红果子管理站最低，为 0.91 亿元 / 年，仅占宁夏贺兰山自然保护区森林生态系统服务功能价值总量的 5.27%。5 个管理站森林生态系统服务功能价值量大小的排序为：大水沟 > 马莲口 > 苏峪口 > 石嘴山 > 红果子。

一、涵养水源

从表 4-2 可以看出，5 个管理站森林生态系统涵养水源价值量为 3.75 亿元 / 年，以大水沟和马莲口管理站森林生态系统涵养水源价值量最大，为 2.48 亿元 / 年，占到总价值量的 66.13%，5 个管理站的涵养水源价值量排序为：大水沟 > 马莲口 > 石嘴山 > 苏峪口 > 红果子。依据《2015 年宁夏统计年鉴》，2014 年银川市废水治理投资为 3525 万元，贺兰县投资为 1812 万元，大水沟和马莲口管理站森林生态系统涵养水源价值相当于银川市废水治理投资的 7.1 倍，相当于贺兰县废水治理投资的 13.7 倍，由此可以看出，大水沟和马莲口管理站森林生态系统涵养水源功能的重要性。依据《2015 年宁夏统计年鉴》，2014 年贺兰县水利、环境和公共设施管理业投资为 8.79 亿元，5 个管理站的涵养水源价值量为 3.75 亿元，相当于 2014 年贺兰县水利、环境和公共设施管理业投资的 42.66%（图 4-3）。一般而言，建设水

图 4-3 宁夏贺兰山自然保护区 5 个管理站森林生态系统涵养水源功能价值量分布

利设施用以拦截水流、增加贮备是人们采用最多的工程方法，但是建设水利等基础设施存在许多缺点，例如：占用大量的土地，改变了其土地利用方式；水利等基础设施存在使用年限等问题。森林蓄水的功能可以为河流带来源源不断的水源，形成涓涓细流，滋养着一方水土，所以说森林是一个健康、环保、可持续的蓄水工程。

二、保育土壤

5 个管理站森林生态系统保育土壤价值量为 0.69 亿元 / 年，以大水沟和马莲口管理站森林生态系统保育土壤价值量最大，为 0.46 亿元 / 年，占到总价值量的 66.67%，5 个管理站的保育土壤价值量排序为：大水沟 > 马莲口 > 石嘴山 > 苏峪口 > 红果子（图 4-4）。宁夏贺兰山水系多数为季节性河流，受地形地貌及气候影响，沟道水流具有暴涨暴落特性，其森林生态系统的固土作用极大地降低了贺兰山地区地质灾害经济损失、保障人民生命财产安全，具有非常重要的作用。《宁夏水土保持规划（2016—2030 年）》明确指出，到 2020 年，基本建成与全区经济社会发展相适应的水土流失综合防治体系，全区水土流失治理程度提高到 55% 以上，南部山区 15 度以下坡耕地基本实现梯田化，森林覆盖率提高到 16% 以上，人为水土流失得到有效控制；到 2030 年，全面建成与宁夏经济社会发展相适应的水土流失综合

图 4-4　宁夏贺兰山自然保护区 5 个管理站森林生态系统保育土壤功能价值量分布

防治体系，全区水土流失治理程度提高到 75% 以上，森林覆盖率提高到 20% 以上，人为水土流失得到全面防治。宁夏贺兰山自然保护区森林生态系统保育土壤功能将在未来宁夏水土保持规划中起到积极作用。

三、固碳释氧

5 个管理站森林生态系统固碳释氧价值量为 3.14 亿元 / 年，以大水沟和马莲口管理站森林生态系统固碳释氧价值量最大，为 2.17 亿元 / 年，占到总价值量的 66.11%，5 个管理站的固碳释氧价值量排序为：大水沟 > 马莲口 > 石嘴山 > 苏峪口 > 红果子（图 4-5）。依据《2015 年宁夏统计年鉴》，贺兰县 2014 年的 GDP 为 106.08 亿元，宁夏贺兰山自然保护区森林固碳释氧价值量相当于 2014 年贺兰县 GDP 的 2.96%，由此可以看出，宁夏贺兰山自然保护区森林固碳释氧功能的重要性。社会工业化的快速发展，污染和能耗也随之增加，CO_2 的排放形成了温室效应，进而引起全球变暖（Zhang et al., 2012）。大水沟和马莲口管理站森林生态系统所固定的二氧化碳按照工业碳减排价格 3.59 万元 / 吨算，那么其减排费用则需要 8.26 亿元，这相当于贺兰县 GDP 的 7.78%，由此可见，森林绿色碳库所创造的固碳价值较高。大水沟和马莲口两个管理站的森林生态系统固碳释氧价值量超过宁夏贺兰

图 4-5　宁夏贺兰山自然保护区 5 个管理站森林生态系统固碳释氧功能价值量分布

山自然保护区固碳释氧价值总量的一半以上，在固碳释氧价值上，这两个管理站在宁夏贺兰山自然保护区中占有举足轻重的地位。

四、林木积累营养物质

大水沟和马莲口管理站森林生态系统林木积累营养物质价值量为 0.08 亿元 / 年，占到宁夏贺兰山自然保护区森林生态系统林木积累营养物质价值总量的 69.11%，由此可以看出大水沟和马莲口管理站森林生态系统林木积累营养物质功能的重要性（图 4-6）。大水沟管理站水热条件适宜，为林木的生长提供良好的条件，使得其林木积累营养物质的量最多，价值相对最高。林木积累营养物质功能可以使土壤中部分营养元素暂时的保存在植物体内，在之后的生命循环中再归还到土壤，这样可以暂时降低因为水土流失而带来的养分元素的损失；而一旦土壤养分元素损失就会带来土壤贫瘠化，若想再保持土壤原有的肥力水平，就需要向土壤中通过人为的方式输入养分，而这又会带来一系列的问题和灾害（Tan et al.，2005）。因此，林木营养物质积累能够很好地固持土壤的营养元素，维持土壤肥力和活性，对林地的健康具有重要的作用。

图 4-6　宁夏贺兰山自然保护区 5 个管理站森林生态系统林木积累营养物质功能价值量分布

五、净化大气环境

通过统计数据可以看出，宁夏贺兰山自然保护区森林生态系统净化大气环境功能价值总量为 5.12 亿元 / 年，5 个管理站价值量的大小排序为：大水沟 > 马莲口 > 石嘴山 > 苏峪口 > 红果子，以大水沟和马莲口管理站森林生态系统净化大气环境功能价值最大，为 3.40 亿元 / 年，占到净化大气环境功能价值总量的 66.40%（图 4-7）。依据《2015 年宁夏统计年鉴》，贺兰县 2014 年的 GDP 为 106.08 亿元，宁夏贺兰山自然保护区大水沟和马莲口管理站森林净化大气环境价值量相当于 2014 年贺兰县 GDP 的 3.21%，由此可以看出，大水沟和马莲口管理站森林净化大气环境功能的重要性。

森林可以起到吸附、吸收污染物及阻止污染物扩散的作用。一方面植被通过叶片吸收大气中的有害物质，降低大气有害物质的浓度；另一方面植被能使某些有害物质在体内分解，转化为无害物质后代谢利用（张维康，2015）。森林生态系统净化大气环境功能即林木通过自身的生长过程，从空气中吸收污染气体，在体内经过一系列的转化过程，将吸收的污染气体降解后排出体外或者储存在体内；其次，林木通过林冠层的作用，加速颗粒物的沉降或者吸附滞纳在叶片表面，进而起到净化大气环境的作用，极大地降低了空气污染物对于人体的危害（Kamoi，2014）。从《2015 年宁夏环境状况公报》可知，2015 年宁夏全区淘汰焦煤产能 50 万吨，钛合金 7.4 万吨，铅冶炼 6 万吨，水泥熟料 73 万吨，火电企业脱硫、

图 4-7　宁夏贺兰山自然保护区 5 个管理站森林生态系统净化大气环境功能价值量分布

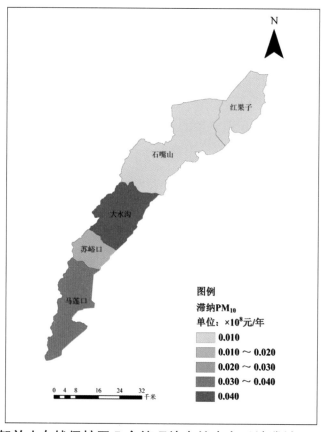

图 4-8　宁夏贺兰山自然保护区 5 个管理站森林生态系统滞纳 PM$_{10}$ 价值量分布

图 4-9　宁夏贺兰山自然保护区 5 个管理站森林生态系统滞纳 PM$_{2.5}$ 价值量分布

脱硝改造及新建脱硫投资 20 亿元，全区安排 4000 万元奖励资金，推动重点行业污染治理，2015 年环保总投资为 7.61 亿元。宁夏贺兰山自然保护区森林净化大气环境功能价值总量为 5.12 亿元 / 年，相当于 2015 年宁夏环保总投资的 67.28%，由此可以看出，宁夏贺兰山自然保护区森林净化大气环境功能的重要性（图 4-8、图 4-9）。

六、生物多样性保护

通过统计数据可以看出，宁夏贺兰山自然保护区森林生态系统生物多样性保护价值量为 3.93 亿元 / 年，其中，大水沟和马莲口管理站森林生态系统生物多样性保护功能价值量最大，占到总价值量的 67.94%（图 4-10）。依据《2015 年宁夏统计年鉴》，贺兰县 2014 年的 GDP 为 106.08 亿元，宁夏贺兰山自然保护区森林生物多样性保护价值量相当于 2014 年贺兰县 GDP 的 3.71%，由此可以看出，宁夏贺兰山自然保护区森林生物多样性保护功能的重要性。宁夏贺兰山自然保护区是我国八大生物多样性中心之一的阿拉善—鄂尔多斯中心的核心区域，保护区特有种有贺兰山蝇子草、斑籽麻黄、阿拉善点地梅、贺兰山玄参、阿拉善马先蒿、贺兰山凤毛菊等 10 余种，国家重点保护植物 5 种，贺兰山濒危种 15 种，其森林生态系统具有丰富多样的动植物资源，使得森林本身就成为一个生物多样性极高的载体，为各级物种提供了丰富的食物来源、安全的栖息地，保育了物种的多样性。

图 4-10 宁夏贺兰山自然保护区 5 个管理站森林生态系统生物多样性保护功能价值量分布

七、森林游憩

通过统计数据可以看出，苏峪口管理站的森林生态系统森林游憩功能价值量最大，其次为马莲口、大水沟和石嘴山，最后为红果子（图 4-11）。贺兰山独特的地理位置造就了独特的自然景观，几千年来，特别是雄踞陕、甘、宁、青等广袤地区近 200 年的西夏王朝众多的历史文化遗存，造就了丰富的旅游资源。20 世纪 80 年代起旅游业悄然兴起，滚钟口、西夏王陵、贺兰山岩画、镇北西部影视城、贺兰山国家森林公园等一批旅游景区相继开发建设，并设专门机构进行管理经营。随着人们生活水平的提高，旅游业不断升温，各旅游景区不断发现新的旅游景点，新的旅游项目和旅游产品（王小明，2011）。贺兰山登高望远，西夏文化探险八日游，西夏文化两日游—西夏陵、镇北西部影视城、拜寺口双塔、贺兰山岩画、贺兰山博物馆，长城访古三日游—贺兰山三关口明长城、盐池明长城、固原战国秦长城，贺兰山探奇一日游—滚钟口、拜寺口双塔、贺兰山岩画、贺兰山国家森林公园，宁夏最高峰、贺兰山砂锅探险等，旅游资源相当丰富，旅游节目丰富多彩，类别种类繁多，旅游业对经济发展的贡献越来越重要（楼晓饮，2011）。此外，宁夏贺兰山自然保护区森林涵养水源和提供负离子功能的发挥，造就了优美的景观和优良的空气环境，也成为吸引大批游客的重要因素。

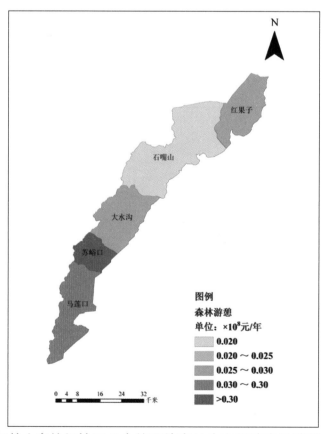

图 4-11　宁夏贺兰山自然保护区 5 个管理站森林生态系统森林游憩功能价值量分布

第三节　不同优势树种（组）生态系统服务功能价值量评估结果

宁夏贺兰山自然保护区不同优势树种（组）生态系统服务功能价值量及所占比例详见表 4-3。

表 4-3　宁夏贺兰山自然保护区不同优势树种（组）生态系统服务功能价值评估结果

单位：万元 / 年，%

优势树种（组）	涵养水源	保育土壤	固碳释氧	林木积累营养物质	净化大气环境	生物多样性保护	合计	比例
云杉林	9394.36	2002.77	8448.55	237.39	15778.60	10920.37	46782.04	27.93
油松林	2431.33	456.18	3995.59	64.40	3620.77	5736.69	16304.96	9.73
杜松林	9.50	2.58	11.14	0.36	24.22	31.59	79.39	0.05
灰榆林	4436.58	786.29	4052.01	200.70	5432.38	7276.33	22184.29	13.24
其他硬阔林	28.07	5.00	28.35	1.91	30.29	14.37	107.99	0.06
山杨林	992.98	218.72	2342.37	81.50	921.07	1217.91	5774.55	3.45
新疆杨林	0.64	0.16	1.50	0.05	0.59	0.39	3.33	0.01
柳树林	25.80	5.37	41.12	1.25	26.36	14.94	114.84	0.07
针阔混交林	5417.30	1099.34	5226.89	275.88	5586.92	6101.63	23707.96	14.15
经济林	30.92	7.03	18.58	0.72	66.09	10.83	134.17	0.08
灌木林	14683.21	2326.24	7236.56	381.49	19668.99	8017.62	52314.11	31.23
合计	37450.69	6909.68	31402.66	1245.65	51156.28	39342.67	167507.63	100

从表中可以看出，灌木林生态系统服务总价值量最高，为 52314.11 万元 / 年，占所有优势树种（组）生态系统服务价值总量的 31.23%；其次为云杉林，生态系统服务总价值量为 46782.04 万元 / 年，占所有优势树种（组）生态系统服务价值总量的 27.93%；新疆杨和杜松生态系统服务价值量最低，占比不到所有优势树种（组）生态系统服务价值总量的 0.06%。

一、涵养水源

从图 4-12 中可以看出不同优势树种（组）涵养水源功能价值量的大小为：灌木林 > 云杉林 > 针阔混交林 > 灰榆林 > 油松林 > 山杨林 > 经济林 > 其他硬阔林 > 柳树林 > 杜松林 > 新疆杨林，以灌木林和云杉林的涵养水源价值量最高，新疆杨林的涵养水源价值量最低。2013 年宁夏水利行业共争取水利投资为 39.65 亿元（宁夏回族自治区统计局，2014），灌木林和云杉林的涵养水源价值量相当于全区水利投资计划的 6.07%，由此可以看出宁夏贺兰山自然保护区灌木林和云杉林涵养水源功能的重要性。

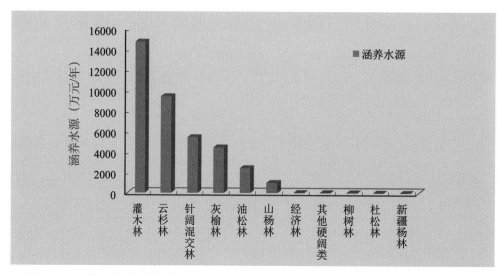

图 4-12　宁夏贺兰山自然保护区不同优势树种（组）涵养水源功能价值量

从图 4-13 可以看出，在主要优势树种（组）涵养水源价值量的垂直分布格局中，2400～3000 米段涵养水源价值量高于 3000～3500 米段和 1800～2400 米段，阴坡多于阳坡，并以灌木林和云杉林涵养水源量最大。云杉林和灌木林的涵养水源价值量为 2.41 亿元 / 年，占到宁夏贺兰山自然保护区森林涵养水源价值总量的 64.29%。云杉林分布在 2400～3000 米段山体的阴坡，3000～3500 米段不适合乔木生长，多分布为高山草甸和灌木，这是由降水和温度的垂直分布决定的（楼晓饮，2012）。从《2015 年宁夏统计年鉴》可知，2014 年贺兰县水利、环境和公共设施管理业投资为 8.79 亿元，云杉林和灌木林的涵养水源价值量相

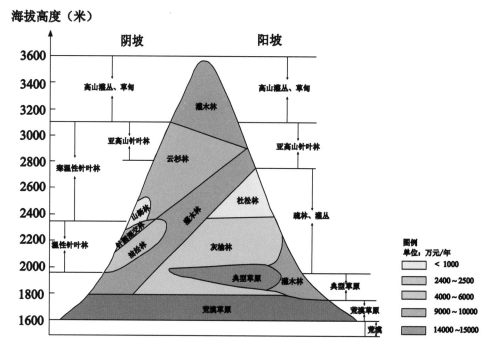

图 4-13　宁夏贺兰山自然保护区主要优势树种（组）涵养水源功能价值量垂直分布

当于 2014 年贺兰县水利、环境和公共设施管理业投资的 27.42%，由此可以看出，云杉林和灌木林的涵养水源功能较大。

二、保育土壤

从图 4-14 中可以看出不同优势树种（组）保育土壤功能价值总量为 6909.68 万元 / 年，以灌木林和云杉林的价值量最高，占到保育土壤功能价值总量的 62.65%；新疆杨林的价值量最低，仅占到保育土壤功能价值总量的 0.02%，不同优势树种（组）保育土壤功能价值量大小为：灌木林＞云杉林＞针阔混交林＞灰榆林＞油松林＞山杨林＞经济林＞柳树林＞其他硬阔林＞杜松林＞新疆杨林。森林的保育土壤功能价值与树种相关较大，不同树种的枯落物层对土壤养分和有机质的增加作用不同，直接表现出保育土壤功能价值量也不同（Fu et al.，2011）。宁夏贺兰山地处干旱、半干旱交接区，降水量相对较少，降水比较集中，暴雨通常发生在 7～8 月，暴雨期常常出现洪水，大量的降水倾泻而下，对土壤造成侵蚀，造成水土的流失（楼晓钦，2012）。宁夏贺兰山自然保护区的森林植被能够消减雨滴动能，调节径流泥沙，减缓径流汇集，延长径流汇集的时间，防止山洪的陡然暴发，同时森林植被的枯枝落叶能够很好地拦截、过滤泥沙，净化水质的同时保育了土壤，在防止了水土流失的同时，减少了随着径流进入到河流中的养分含量，在水土保持及防治灾害中森林具有举足轻重的地位。

从图 4-15 可知，在主要优势树种（组）保育土壤价值量的垂直分布格局中，2400～3000 米段和 3000～3500 米段保育土壤价值量高于 1800～2400 米段，阴坡多于阳坡，并以灌木林和云杉林保育土壤价值量最大。云杉林和灌木林的保育土壤价值量为 4329.01 万元，占到宁夏贺兰山自然保护区森林保育土壤功能价值总量的 62.65%。山体 2400～3000 米段分布着大面积的云杉林，云杉林的郁闭度高，林地多生长蕨类植物（楼晓钦，2012），使

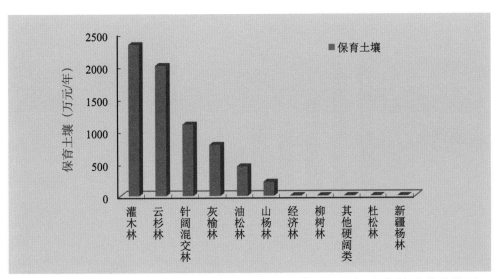

图 4-14　宁夏贺兰山自然保护区不同优势树种（组）保育土壤功能价值量

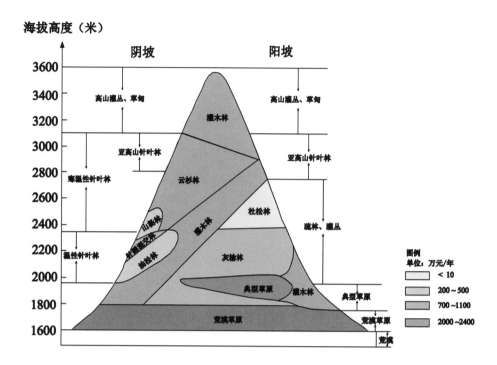

图 4-15　宁夏贺兰山自然保护区主要优势树种（组）保育土壤功能价值量垂直分布

得云杉林保育土壤的功能较强，能够较好地固持土壤，减少水土流失，保持土壤中的矿质元素。从《2015 年宁夏统计年鉴》可知，2014 年贺兰县化肥施用费用为 1.69 亿元，云杉林和灌木林的保育土壤价值量相当于 2014 年贺兰县化肥施用费用的 22.44%，由此可以看出，云杉林和灌木林的保育土壤功能较高。

三、固碳释氧

从图 4-16 中可以看出不同优势树种（组）固碳释氧功能价值量的大小为：云杉林 > 灌

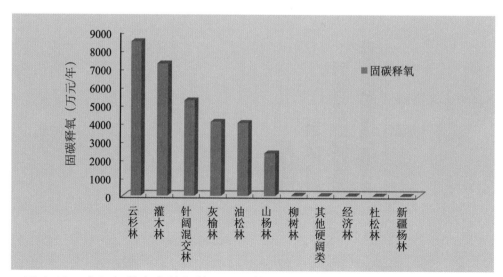

图 4-16　宁夏贺兰山自然保护区不同优势树种（组）固碳释氧功能价值量

木林 > 针阔混交林 > 灰榆林 > 油松林 > 山杨林 > 柳树林 > 其他硬阔林 > 经济林 > 杜松林 > 新疆杨林，以云杉林和灌木林的价值量最高，新疆杨林的价值量最低。

从图 4-17 可知，在主要优势树种（组）固碳释氧价值量的垂直分布格局中，2400～3000 米段和 3000～3500 米段固碳释氧价值量高于 1800～2400 米段，阴坡多于阳坡，并以灌木林和云杉林固碳释氧价值量最大。云杉林和灌木林的固碳释氧价值量为 4329.01 万元，占到宁夏贺兰山自然保护区森林固碳释氧功能价值总量的 49.94%。依据《宁夏贺兰山森林资源》可知，贺兰山 2000～3000 米范围内的降水相对较多，且集中在夏季，此时的温度又适合植被生长，雨热同期，云杉林的生长速度较快，从而能够固定更多二氧化碳，释放较多的氧气。从图中可以看出，云杉林、油松林等多分布于山体的阴坡，使得宁夏贺兰山自然保护区山体阴坡的固碳释氧价值量高于阳坡。

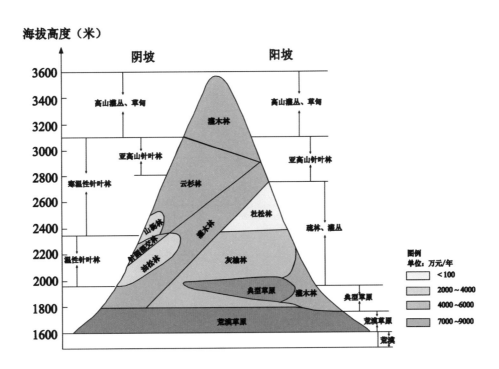

图 4-17　宁夏贺兰山自然保护区主要优势树种（组）固碳释氧功能价值量垂直分布

四、林木积累营养物质

从图 4-18 中可以看出不同优势树种(组)林木积累营养物质价值总量为 1245.65 万元/年，以灌木林和针阔混交林的价值量最高，新疆杨林的价值量最低，不同优势树种（组）林木积累营养物质价值量的大小为：灌木林 > 针阔混交林 > 云杉林 > 灰榆林 > 山杨林 > 油松林 > 其他硬阔林 > 柳树林 > 经济林 > 杜松林 > 新疆杨林。

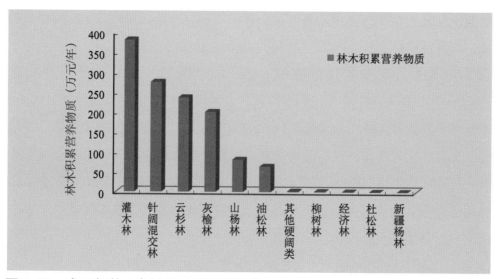

图 4-18　宁夏贺兰山自然保护区不同优势树种（组）林木积累营养物质价值量

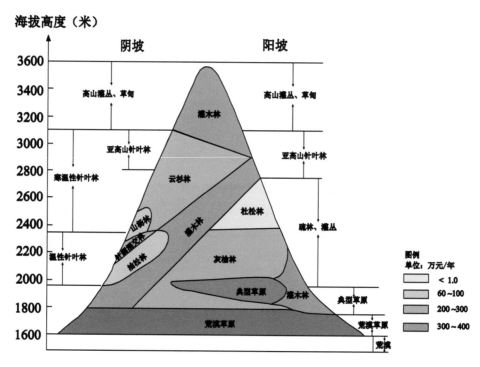

图 4-19　宁夏贺兰山自然保护区主要优势树种（组）林木积累营养物质价值量垂直分布

从图 4-19 可知，在主要优势树种（组）林木积累营养物质价值量的垂直分布格局中，2400~3000 米段和 3000~3500 米段积累营养物质价值量高于 1800~2400 米段，阴坡多于阳坡，并以灌木林和云杉林积累营养物质价值量最大。云杉林和灌木林的积累营养物质价值量为 4329.01 万元，占到宁夏贺兰山自然保护区森林积累营养物质价值总量的 49.68%。宁夏贺兰山自然保护区山体 2400~3000 米段和 3000~3500 米段受雨热因素的影响，植被生长速度较快，积累营养物质相对较多。

五、净化大气环境

从图 4-20 中可以看出不同优势树种（组）净化大气环境价值量为 5.12 亿元／年，以灌木林和云杉林的价值量最高，新疆杨林的价值量最低，不同优势树种（组）净化大气环境价值量的大小为：灌木林＞云杉林＞针阔混交林＞灰榆林＞油松林＞山杨林＞经济林＞其他硬阔林＞柳树林＞杜松林＞新疆杨林。森林生态系统净化大气环境功能即为林木通过自身的生长过程，从空气中吸收污染气体，在体内经过一系列的转化过程，将吸收的污染气体降解后排出体外或者储存在体内；另一方面，林木通过林冠层的作用，加速颗粒物的沉降或者吸附滞纳在叶片表面，进而起到净化大气环境的作用，极大地降低了空气污染物对于人体的危害（牛香，2017）。

从图 4-21 可知，在主要优势树种（组）净化大气环境价值量的垂直分布格局中，2400～3000 米段和 3000～3500 米段净化大气环境价值量高于 1800～2400 米段，阴坡多于阳坡，并以灌木林和云杉林积累营养物质价值量最大。云杉林和灌木林的净化大气环境价值量为 3.54 亿元／年，占到宁夏贺兰山自然保护区森林净化大气环境价值总量的 79.29%。云杉林和灌木林的净化大气环境价值量大，与这两个优势树种（组）的面积和树种类型有关。叶片表面具有沟状组织或密集纤毛的树种吸收污染物能力强，且其微形态结构越密集、沟深差别越大，越有利于吸收污染物，叶片表面平滑的树种吸收污染物能力较弱，叶片有黏性的针叶树使污染物不易脱落（牛香，2017）。宁夏贺兰山 2400～3000 米段有大量的云杉林，作为针叶树种的云杉林能够吸附空气中大量的污染物，使得宁夏贺兰山自然保护区山体 2400～3000 米段净化大气环境价值量相对较高。从《2015 年宁夏统计年鉴》可知，2014 年宁夏治污投资 16.55 亿元，灌木林和云杉林的净化大气环境价值相当于全区治污投资的 21.39%。所以，应该充分发挥宁夏贺兰山自然保护区森林生态系统净化大气环境功能，进而降低因环境污染事件而造成的经济损失。

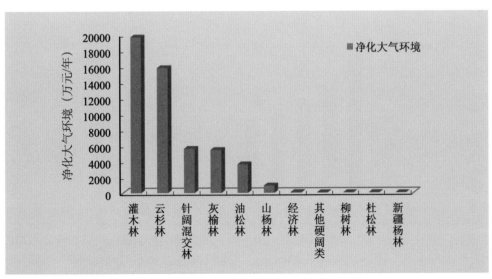

图 4-20 宁夏贺兰山自然保护区不同优势树种（组）净化大气环境功能价值量

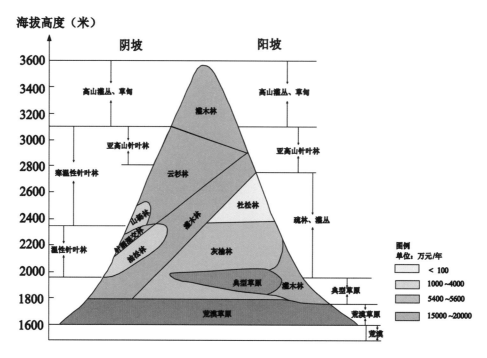

图 4-21　宁夏贺兰山自然保护区主要优势树种（组）净化大气环境价值量垂直分布

六、生物多样性保护

从图 4-22 中可以看出不同优势树种（组）生物多样性保护价值量以云杉林价值量最高，新疆杨林的价值量最低。不同优势树种（组）生物多样性保护价值量的大小为：云杉林 > 灌木林 > 灰榆林 > 针阔混交林 > 油松林 > 山杨林 > 杜松林 > 柳树林 > 其他硬阔林 > 经济林 > 新疆杨林。依据《宁夏贺兰山森林资源》可知，贺兰山山地植被最为典型，垂直植被带发育完整，具有很高的研究和保护价值，历来受到众多科研院所的青睐。宁夏贺兰山自然保护区生物多样性保护价值量为 3.93 亿元 / 年，其中，以云杉林的价值量最大，为 1.09 亿元 / 年，

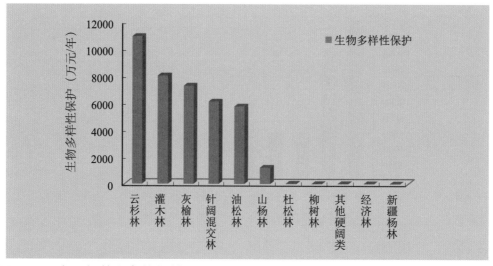

图 4-22　宁夏贺兰山自然保护区不同优势树种（组）生物多样性保护功能价值量

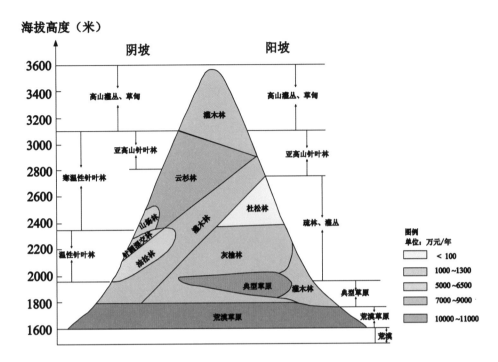

图 4-23 宁夏贺兰山自然保护区主要优势树种（组）生物多样性保护价值量垂直分布

表明宁夏贺兰山自然保护区生物多样性保护的价值较高。也正是由于宁夏贺兰山自然保护区生物多样性保护的价值较高，在《中国生物多样性保护战略与行动计划（2011—2030)》中，将贺兰山自然保护区划归为蒙新高原荒漠区中的西鄂尔多斯—贺兰山—阴山区和锡林郭勒草原区，以便更好地对贺兰山自然保护区的物种进行保护。

从图 4-23 可知，在主要优势树种（组）生物多样性保护价值量的垂直分布格局中，2400～3000 米段生物多样性保护价值量高于 3000～3500 米段和 1800～2400 米段，阴坡多于阳坡，并以灌木林和云杉林生物多样性保护价值量最大。云杉林和灌木林的生物多样性保护价值量占到宁夏贺兰山自然保护区森林生物多样性保护价值总量的 48.13%。云杉林分布于山体的 2400～3000 米段，海拔相对较高，水热资源相对丰富，加上人为干扰较少，使得云杉林的生物多样性丰富，从而使得云杉林保护生物多样性的价值最大。

第四节　不同起源类型森林生态系统服务功能价值量评估结果

宁夏贺兰山自然保护区不同起源类型森林生态系统服务功能价值量及其所占比例详见表 4-4。从表中可以看出天然林每年可产生生态系统服务功能价值为 16.71 亿元，占宁夏贺兰山自然保护区生态系统服务价值总量的 99.78%；人工林产生的生态系统服务价值为 360.34 万元，仅占到宁夏贺兰山自然保护区生态系统服务价值总量的 0.22%。这主要是由于宁夏贺兰山自然保护区森林面积以天然林为主，天然林面积占森林资源总面积的99.77%，主要包括云杉林、灌木林、油松林、山杨林、灰榆林等，并以中龄林面积最大，为13451.38公顷，占森林总面积的72.46%；再加上天然林比人工林结构更复杂，功能更完善，生态稳定性更高，物种多样性更丰富，具有复杂的树种组成和层次结构，从而使得天然林的价值量远远高于人工林。

表4-4　宁夏贺兰山自然保护区不同起源类型森林生态系统服务功能价值量评估结果

单位：万元/年，%

起源	涵养水源	保育土壤	固碳释氧	林木积累营养物质	净化大气环境	生物多样性保护	合计	比例
天然林	37365.27	6892.13	31313.11	1241.71	51032.93	39302.14	167147.29	99.78
人工林	85.42	17.55	89.55	3.94	123.35	40.53	360.34	0.22
合计	37450.69	6909.68	31402.66	1245.65	51156.28	39342.67	167507.63	100

　　天然林是生物圈中功能最完备的植物群落，其结构复杂、功能完善、生态稳定性高，有较高的生物多样性，由于稳定的结构和完善的功能使其生态系统服务功能较高。天然林的物种丰富度高、结构稳定、林地枯落物组成复杂、丰富，具有不可替代的生态保障功能，因此在生产和生态功能的持续发挥等方面具有单一人工林无法比拟的优越性。贺兰山西临腾格里沙漠，北连乌兰布和沙漠，东望毛乌素沙地，贺兰山实际在沙漠和沙地环抱中发育成天然林植被，成为我国风沙干旱区森林生态系统的典型代表，正因此原因，宁夏贺兰山自然保护区历来受到国家和当地政府的重视。早在1950年，宁夏人民政府便通令贺兰山、罗山天然林保育暂行办法，提出禁牧、禁伐、禁猎；1956年全国第一届人大通过竺可桢、陈焕镛等科学家的提案，在全国划定了315个自然保护区，贺兰山便名列其中；1982年，宁夏人大第四次会议将贺兰山划定为区级自然保护区；1988年，国务院批准贺兰山为国家级森林和野生动物类型保护区，贺兰山的自然环境和资源保护工作步入依法保护和快速发展阶段。正是由于对贺兰山的保护工作使得区内天然林保存完好，从而使得天然林的生态系统服务价值量远大于人工林。

宁夏贺兰山自然保护区森林生态系统服务功能综合分析

可持续发展的思想是伴随着人类与自然关系的不断演化而最终形成的符合当前与未来人类利益的新发展观。目前，可持续发展已经成为全球长期发展的指导方针。旨在以平衡的方式，实现经济发展、社会发展和环境保护。我国发布的《中国21世纪初可持续发展行动纲要》提出的目标为：可持续发展能力不断增强，经济结构调整取得显著成效，人口总量得到有效控制，生态环境明显改善，资源利用率显著提高，促进人与自然的和谐，推动整个社会走上生产发展、生活富裕和生态良好的文明发展道路。但是，近年来随着人口增加和经济发展，对资源总量的需求更多，环境保护的难度更大，严重威胁着我国社会经济的可持续发展。本章将从森林生态系统服务的角度出发，分析宁夏贺兰山自然保护区社会、经济和生态环境可持续发展所面临的问题，进而为管理者提供决策依据。

第一节　宁夏贺兰山自然保护区森林生态系统服务功能评估结果特征分析

本次评估表明，宁夏贺兰山自然保护区对于净化宁夏贺兰山地区空气环境，保护地区的生物多样性，改善区域的生态环境具有重要作用。从评估结果看，5个管理站以大水沟管理站的价值量最高，不同优势树种（组）的生态效益以云杉林和灌木林为最大，并呈现出垂直分布的规律。

一、5个管理站森林生态效益分析

在宁夏贺兰山自然保护区5个管理站各项森林生态系统服务功能价值量中，以大水沟管理站的生态系统服务价值量最大，占到总价值量的37.83%；以红果子管理站最低，占宁夏贺兰山自然保护区森林生态系统服务功能价值总量的5.27%（图5-1）。5个管理站森林

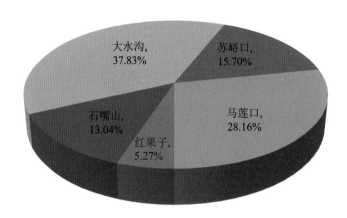

图 5-1 宁夏贺兰山自然保护区 5 个管理站森林生态系统服务价值量比例

生态系统服务功能价值量大小的排序为：大水沟＞马莲口＞苏峪口＞石嘴山＞红果子，呈现出中部最高，南部次之，北部最低的分布格局。这是因为地形条件能够影响宁夏贺兰山自然保护区的降水和温度，温度随海拔的升高而逐渐降低，降水随海拔的升高而增加，海拔每上升 1000 米，温度下降 6 摄氏度，降水则会增加 13.2 毫米（王小明，2011）。宁夏贺兰山自然保护区依据自然地理特征，通常将大武口沟以北称为北段，大武口沟至三关口称为中段，三关口以南称为南端，山体海拔的分布呈现出中部最高，南端次之，北段最低的分布变化。大水沟管理站分布在宁夏贺兰山自然保护区的中部，海拔 3000 米以上的山体均分布于此，海拔越高，降水相对越多，植物种类丰富，植被类型多样；马莲口保护管理位于宁夏贺兰山自然保护区的最南端，山体海拔逐渐降低，降水相对减少，气候干旱，植物种类减少，植被覆盖率降低；红果子管理站位于宁夏贺兰山自然保护区的最北端，山体海拔一般不超过 2000 米，山势缓和，气候干燥，多以灌木林分布为主，植物种类和植被类型较贫乏（楼晓饮，2012）。

正是由于大水沟和马莲口管理站的分布位置，使得这两个管理站的降水条件较好，能够为植被的生长提供较好的条件，使得森林面积相对较大。森林生态系统涵养水源的功能能够延缓径流的产生，延长径流汇集的时间，起到调节降水汇集和消减洪峰的作用，降低地质灾害发生的可能，并在一定程度上保证社会的水资源安全（Liu et al.，2004），从而使得这两个管理站的森林涵养水源功能最强，价值量最大。良好的生境使得植被能够快速的生长，光合作用相对较强，能够从大气中吸收更多二氧化碳，释放较多氧气，同时快速生长也意味着植物本身吸收积累更多的营养物质；盘根错节的根系网以及地表丰富的枯枝落叶层在涵养水源的同时，也能够牢牢地固持住土壤，增强其固土保肥的功能。大水沟管理站和马莲口保护管理站的降水条件相对丰富，使得森林植被淋洗作用较强，能够重新恢复滞尘等净化大气环境的功能，再加上植被生长良好，郁闭度高，能够为动植物提供较好的生境和栖息地。正是由于大水沟和马莲口管理站的特殊位置，使得对其评估的生态功能相对较强，其生态效益相对较高。

二、不同优势树种（组）生态效益分析

从图 5-2 可以看出，在宁夏贺兰山自然保护区不同优势树种（组）生态系统服务价值量比例中，以灌木林和云杉林的生态系统服务价值占比最高，占所有优势树种（组）生态系统服务价值总量的 59.16%。这与两个优势树种（组）的面积有很大的关系，灌木林和云杉林的面积分别为 8973.70 公顷和 7330.08 公顷，占到宁夏贺兰山自然保护区森林总面积的 32.50% 和 26.55%。灌木林分布范围广泛，从山顶的高山灌丛、草甸到山脚的疏林、灌丛，都有灌木林的分布，面积因子使得灌木林的生态效益价值相对较高。云杉林生态效益较高除了与面积因子相关外，还因为云杉林主要分布在海拔 2400～3100 米的山地阴坡（楼晓饮，2012 年），此海拔高度年均降雨量达到 300～400 毫米，雨水较充沛，林下枯枝落叶层加上纵横交错的根系网，使得云杉林能够很好的涵养水源，将雨水固持在云杉林内，减少径流的形成，降低雨水对土壤的侵蚀，使得云杉林的涵养水源和保育土壤生态效益相对较高。云杉林分布的区段不仅降水相对丰富，此区段的温度也达到了云杉林生长的适宜条件，温度和降水因子的相互作用，使得云杉林光合作用较强，能够吸收更多二氧化碳，释放较多的氧气，同时还能够从土壤中吸收营养元素，积累在云杉林树体中，使得其固碳释氧和积累营养物质的作用相对较高。云杉林良好的郁闭度，加上其林下苔藓地被植物丰富，使得云杉林为多种动植物提供良好的生境，增加了林内的生物多样性，使得云杉林的生物多样性保护价值量相对较高。云杉林作为针叶树种，其叶片可以分泌油脂或其他黏性物质，

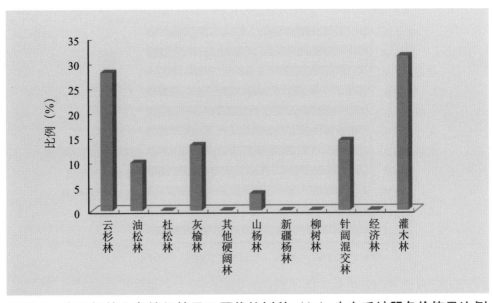

图 5-2　宁夏贺兰山自然保护区不同优势树种（组）生态系统服务价值量比例

能够吸附部分沉降物；再加上云杉林郁闭性较好，起到降低风速的作用，使得空气中携带的大量空气颗粒物会加速沉降；最重要的还是云杉林分布的区段，降水相对较多，使得云杉林蒙尘之后，经过降水的淋洗作用，又恢复了滞尘能力，从而使得云杉林的净化大气环境的生态效益也较高。

　　从图5-3可以看出，在宁夏贺兰山自然保护区不同优势树种（组）各项生态系统服务功能价值量比例中，以净化大气环境、生物多样性、固碳释氧和涵养水源四项生态功能的价值量为主，均占到每个优势树种（组）价值量的90%以上，这充分体现出在森林生态效益中涵养水源功能的"水库"、固碳释氧功能的"碳库"、生物多样性保护功能的"基因库"以及净化大气环境功能的"滞尘库"功能。在"四库"的分布中，宁夏贺兰山自然保护区又以"滞尘库"为主，这是因为宁夏贺兰山自然保护区地处西北荒漠与半荒漠的边界，天然地承担着阻挡风沙侵蚀，保卫银川平原的历史责任。其次，贺兰山海拔相对较高，随着海拔的升高，水汽含量增加，空气中的沙物质与空气中的水汽凝结，成为降水的凝结核，随着雨水降落地面，减少空气中沙物质的含量。最重要的还是宁夏贺兰山自然保护区植被相对丰富，森林植被的覆盖能够减少沙物质的来源，从源头上减少空气中颗粒物的来源，发挥着减尘的作用；其次，森林植被的叶、花、枝等表面有绒毛，加上有些植物叶片能够分泌黏性物质，可以滞纳空气的颗粒物，减少空气中沙物质的含量；再者，森林植被的叶片气孔和枝干皮孔等，能够吸收空气中的污染物，在植物体内进行转化，形成无毒的物质，排出体外或积累在植物体的某一部位；第四，降水的作用能够淋洗叶片表面的物质，使得叶片重新恢复滞尘等功能；最后，森林的存在能够降低风速，减少风携带沙物质的能力，使得沙物质自然沉降，起到净化大气环境的作用。

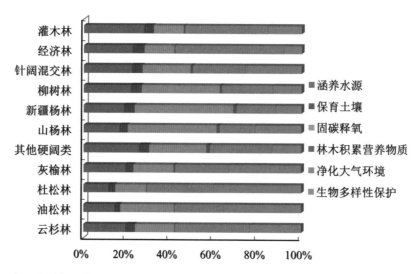

图5-3　宁夏贺兰山自然保护区不同优势树种（组）各项生态服务功能价值量比例

第二节　宁夏贺兰山自然保护区森林生态系统服务功能评估结果的应用与展望

　　森林是陆地生态系统的主体，是人类进化的摇篮。森林在生物界和非生物界物质交换和能量流动中扮演着主要角色，对保持陆地生态系统的整体功能、维护地球生态平衡、促进经济与生态协调发展发挥着重要作用。森林不仅为人类提供木材、食品和能源等多种物质产品，又能为人类提供森林观光、休闲度假和文化传承的场所，还具有涵养水源、固碳释氧、保持水土、净化水质、防风固沙、调节气候、清洁空气、吸附粉尘等独特功能。因此，对森林生态系统效益进行客观、科学、动态的评估，进而体现林业在经济社会可持续发展中的战略地位与作用，反映林业建设成就，服务宏观决策，成为目前一项重要而又紧迫的任务。

　　中国政府高度重视林业工作，始终把林业发展和国家林业重点工程建设放在重要战略位置。继党的十八大把生态文明建设纳入社会主义现代化建设事业"五位一体"布局后，党的十八届五中全会又进一步提出"绿色发展"的新理念，赋予了林业绿色富国、绿色惠民、绿色增美的新使命。党中央、国务院以及相关部门陆续出台了生态保护红线制度、党政领导干部生态环境损害责任追究办法、领导干部自然资源资产离任审计试点和开展公益诉讼试点等政策，标志着林业生态建设将进入政策规范、管理严格、责任倒查的新阶段，林业的功能定位被提高到了前所未有的新高度。在新形势、新环境、新机遇下，宁夏贺兰山自然保护区要抓住时机，助力宁夏在"一带一路"建设中造就更优发展环境，加强森林在治污减霾中的作用，要进一步加快森林资源培育，增加森林资源总量，提高森林资源质量，改善森林资源结构，增强森林生态系统功能，确保森林资源持续、快速健康发展。

一、助力宁夏在"一带一路"建设中造就更优发展环境

　　2015年9月10日至13日，由国家商务部、中国贸促会、宁夏回族自治区政府共同举办的中阿博览会在银川如期举行，来自阿拉伯国家、伊斯兰国家和地区的政要、企业家和国内各界人士云集银川，从政府、企业、民间三个层面深化合作，有力地促进了双边、多边贸易投资便利化，奏响了宁夏主动融入"一带一路"战略的先声。打造"西部最优，比东部更优"的发展环境，这是宁夏回族自治区党委、政府为发挥在"一带一路"中更大的作用，优化宁夏生态和投资环境，优化经济社会发展而做出的承诺和可期目标（人民网－中国共产党新闻网，2015-11-23）。要充分发挥宁夏贺兰山自然保护区森林植被在宁夏更优生态环境建设中的作用，立足宁夏贺兰山现有的森林资源，增加宁夏贺兰山自然保护区森林面积，增强森林的物种丰富度，更多地发挥森林的净化大气环境、生物多样性保护及涵养水源等功能，为宁夏生态环境的进一步改善发挥重要作用，助力宁夏在"一带一路"建设中拥有

图 5-4　宁夏在"一带一路"中定位与发挥的作用

更优的发展环境，助力一个环境优美、风清气正的宁夏在中国西部崛起（图 5-4）。

二、加强森林资源的管护和培育

　　要加强对森林资源的管护和培育措施，提高森林生态系统服务功能。通过评估，就西部地区而言，宁夏贺兰山自然保护区森林生态系统服务功能价值较高，为当地乃至宁夏提供了较高的生态系统服务。但森林质量不高的问题依旧制约该地区森林生态系统服务功能的进一步发挥。针对具体生态系统服务功能的发挥，有目的性地培育和管理森林，将是下一步林业工作的主要方向。要确立以生态建设为主的林业可持续化发展道路，通过管好现有森林资源，扩大保护区范围，增加森林资源，增强森林生态系统的整体功能。

　　要加快森林资源培育步伐。大力培育森林资源，不断增加森林资源数量，是加强生态建设、维护生态安全、建设生态文明社会的重要基础，也是实现宁夏贺兰山自然保护区可持续发展最根本、最迫切和最有效的措施。森林资源数量多、质量高是建立比较完备的森林生态体系和比较发达的林业产业体系的基础和根本。以森林可持续经营为手段，在增加森林总量的同时，努力提高森林资源质量，加快建立和培育高质量的森林生态系统，满足社会日益增长的生态和林产品需求。这就要求一是通过补植、移植等手段，促进幼苗生长，提高成活率和保存率，有效增加森林的后备资源；二是调整林业投资结构，加大森林经营投入，大力组织开展森林抚育和低质低效林的改造，改变树种单一、生态功能低下、林地生产力不高的状况，提高林木单位面积蓄积；三是要引进科学的管理方法、管理理念，以质量为先导，实行全过程的质量管理，逐步实现森林资源保护管理科学化、规范化。

三、增加森林生态系统的生物多样性

通过评估，宁夏贺兰山自然保护区森林生态系统的生态系统服务效益和价值相比较我国中东部地区森林生态系统较低，多项生态系统服务功能还有待加强。提高森林生物多样性保护效益，就必须提高区域森林面积和质量，营造良好的生境，才能最终为动植物提供可持续发展的空间，因此，对宁夏贺兰山自然保护区森林进行科学的抚育十分必要。首先，充分利用森林的自我更新能力，在局部水土流失严重的区域，禁止垦荒、放牧、砍柴等人为的破坏活动，加强保护和培育云杉母树林，以恢复森林植被、增加森林面积，提高森林质量。其次，还应加强中幼龄林抚育。对急需抚育的中幼龄林采取科学合理的森林抚育措施，达到优化森林结构，促进林木生长，提高森林质量、林地生产力和综合效益，形成稳定、健康、丰富多样的森林群落结构的目标。第三，在大力实施森林抚育的基础上，如果能够科学地量化生物多样性的保护价值，并不断监测，就会引导人们重视森林之外的生物多样性保护价值，也会促使人们更加重视森林的多种功能和自我调控能力，协调森林经营与人类的多种关系。

要发挥科技在生物多样性建设中的作用。科学技术特别是高新技术的发展给林业科学研究带来了新的机遇和挑战，世界各国正在不断将各项高新技术成果应用于林业生产和实践，如"3S"技术使得森林资源管理迈上一个新台阶。要加大森林病虫害防治的科研和推广力度，切实抓好森林病虫害的监测、预报和防治工作；建立健全外来有害物种预防体系，防止有害生物的侵入和危险病虫害的异地传播；加强对林木重大病虫害防治、森林资源与生态监测、林火管理与防控等。同时，继续保持并逐步加大对保护区建设的投入力度，认真落实国家对林业各项优惠政策。以技术为导向，以资金为后盾，切实做好保护区森林的管理和保护，切实加强保护区内的生物多样性。

四、挖掘森林游憩服务价值潜力

在我国的许多名山中，绝大多数是东西走向，而贺兰山脉是为数不多的呈现南北走向

的山脉之一。抗金名将岳飞一首著名的《满江红》，其中的"驾长车，踏破贺兰山缺"使得贺兰山名震华夏。贺兰山是在浩瀚的黄沙中拔地而起，它西邻腾格里沙漠，北靠乌兰布和沙漠，东望毛乌素山地，在沙漠和沙地的环抱中发育而来。贺兰山作为宁夏平原的天然屏障，削弱了西北高寒气流的侵袭，挡住了腾格里沙漠的东移，同黄河一道为宁夏平原发展成为"塞上江南"立下显赫的功劳。贺兰山也是我国文明发祥地之一，在历史上，西北草原的匈奴、鲜卑、羌、党项、蒙古等游牧民族先后在贺兰山一带生活。自西夏建都兴庆府（今银川市）后，贺兰山以其山色秀丽多姿，成为统治者避暑游猎和善男信女进行佛教活动的重要场所，从而使得贺兰山保留下很多不同时期的人类活动历史文化遗迹。基于自然和历史的原因，使得贺兰山的自然和人文旅游资源丰富。

根据宁夏贺兰山自然保护区提供的数据，2015 年宁夏贺兰山自然保护区森林游憩的价值为 5050 万元。这些价值仅占宁夏贺兰山自然保护区森林生态系统服务总价值量的 2.93%，有待提高的潜力较大。宁夏贺兰山自然保护区目前森林游憩的主要收入来源是贺兰山国家森林公园，该公园以森林山水为依托，以历史古迹为重点，以野外探险为特色，融观光旅游、养生度假为一体。今后，在特色原则、多样性原则、谐调性原则、市场导向原则和效益原则的基础上，对以宁夏贺兰山自然保护区森林为主体的自然环境和自然资源，通过科学规划和一定的经济技术活动，使之可以进一步为森林游憩所利用，同时加强宣传，对游人形成吸引力，提高森林游憩服务价值。

五、加强人工林的可持续发展建设

宁夏贺兰山自然保护区现有人工林占到森林面积的 2.35%，通过对人工林的科学培育和管理，能够进一步提升该区域森林生态系统服务功能。增加人工林的生态系统服务功能，首先要实现人工林的可持续经营。而可持续经营的必要条件是人工林生物多样性的提高和树种结构的改善，因此要通过大力开展更新造林，以林业耕地、宜林荒山荒地、采伐迹地、疏林地等为重点，采取人工更新造林、人工促进天然更新等措施，增加和恢复森林植被。其次，充分利用自然力营建人工林。在有天然更新的地方人工造林时，要充分利用自然力恢复森林，采取适当措施如造林时充分保留造林地上的树木，通过适当树种配置、抚育，形多树种混交的林分，生物种类较丰富。再者，科学地发展林下植被。发展林下植被不仅可增加人工林的生物多样性，改善人工林的群落结构，而且林下植被在维护长期生产力上起着关键作用，例如，稳定土壤、防止土壤侵蚀、作为养分库减少淋洗、有利于林地的养分循环、固氮、有益于土壤生物区系的多样性等。第四，要有合理的景观配置。按照适地适树和保持景观多样性原则，保留一些现有林，配置多树种造林，以增加生态系统及生物的多样性。这种景观配置有利于林分外部环境的改善，抑制或防止病虫害的蔓延，维护地力，从而提高人工林林分的稳定性。此外，对于人工林的管理和经营，应向生产力管理和集约经营发展，通过实行有效的遗传控制、立地控制、密度控制、植被控制与地力控制，对人工林进行集约管理，实现人工林栽培定向、速生、丰产、优质、稳定和较高的经济效益 6 个目标。

六、加强森林在治污减霾中的作用

森林治污减霾功能是指森林生态系统通过吸附、吸收、固定、转换等物理和生理生化过程，实现对空气颗粒物（TSP、PM_{10}、$PM_{2.5}$ 等）、气体污染物（二氧化硫、氟化物、氮氧化物等）的消减作用，同时能够提供空气负离子、吸收二氧化碳并释放氧气，从而改善区域环境质量。而森林治污减霾功能的实现主要是由于森林植被的存在使得地表粗糙度增加，并通过降低风速进而提高空气颗粒物的沉降概率；其次是森林植被的叶片表面结构特征及理化性质也为颗粒物的附着提供了更为有利的条件（牛香，2017）。张维康等研究发现，针叶树种随着年龄的增加，树种单位面积滞纳颗粒物的能力逐渐增强，成熟林和过熟林的滞纳能力最强，而幼龄林滞纳能力最弱；在阔叶树种中，中龄林和近熟林的滞纳能力要高于成熟林、过熟林，幼龄林最低，并指出这是由于不同林龄树种叶片结构、分泌物、林分密度和冠层叶面积指数的不同引起的（张维康，2015）。宁夏贺兰山自然保护区森林植被主要以中龄林和近熟林为主，占到森林总面积的 97.05%，占有绝对的优势；其次，云杉林面积为 0.73 万公顷，占到森林总面积的 26.45%，面积较大。要充分利用中龄林和近熟林的资源面积优势，充分利用针叶树种治污减霾作用较强的特点，在森林治污减霾功能上发挥出更大的作用，为营造天朗气清的优良生态环境发挥更大作用。

第三节　宁夏贺兰山自然保护区自然资产负债表编制研究

自然资源资产负债表是指用资产负债表的方法，将全国或一个地区的所有自然资源资产进行分类加总而形成的报表。建立自然资源资产负债表，就是要核算自然资源资产的存量及其变动情况，以全面记录当期（期末－期初）自然和各经济主体对生态资产的占有、使用、消耗、恢复和增殖活动，评估当期生态资产实物量和价值量的变化。构建区域自然资产价值评估模型和评价体系，尽可能精确、完整地反映和体现自然资本的价值，为规划、管理、评估区域可持续发展，为衡量绿色投资绿色金融的回报，提供科学的分析工具。

　　"探索编制自然资源资产负债表，对领导干部实行自然资源资产离任审计，建立生态环境损害责任终身追究制"是十八届三中全会做出的重大决定，也是国家健全自然资源资产管理制度的重要内容。2015年中共中央、国务院印发了《生态文明体制改革总体方案》，与此同时强调生态文明体制改革工作以"1+6"方式推进，其中包括领导干部自然资源资产离任审计的试点方案和编制自然资源资产负债表试点方案。研发自然资源资产负债表并探索其实际应用，无疑是国家加快建立生态文明制度，健全资源节约利用、生态环境保护体制，建设美丽中国的根本战略需求所在。自然资源资产负债表是用国家资产负债表的方法，将全国或一个地区的所有自然资源资产进行分类加总形成报表，显示某一时间点上自然资源资产的"家底"，反映一定时间内自然资源资产存量的变化，准确把握经济主体对自然资源资产的占有、使用、消耗、恢复和增值活动情况，全面反映经济发展的资源消耗、环境代价和生态效益，从而为环境与发展综合决策、政府生态环境绩效评估考核、生态环境补偿等提供重要依据。探索编制宁夏贺兰山自然保护区森林资源资产负债表，是深化宁夏贺兰山自然保护区生态文明体制改革，推进生态文明建设的重要举措。对于研究如何依托宁夏贺兰山自然保护区丰富的森林资源，实施绿色发展战略，建立生态环境损害责任终身追究制，进行领导干部考核和落实十八届三中全会精神，以及解决绿色经济发展和可持续发展之间的矛盾等具有十分重要的意义。

一、账户设置

　　结合相关财务软件管理系统，以国有林场与苗圃财务会计制度所设定的会计科目为依据，建立三个账户：① 一般资产账户，用于核算宁夏贺兰山自然保护区林业正常财务收支情况；② 森林资源资产账户，用于核算宁夏贺兰山自然保护区森林资源资产的林木资产、林地资产、湿地资产、非培育资产；③ 森林生态系统服务功能账户，用来核算宁夏贺兰山自然保护区森林生态系统服务功能，包括：涵养水源、保育土壤、固碳释氧、林木积累营养物质、净化大气环境、生物多样性保护、森林防护、森林游憩、提供林产品等其他生态系统服务功能。

二、森林资源资产账户编制

　　联合国粮农组织林业司编制的《林业的环境经济核算账户——跨部门政策分析工具指南》指出森林资源核算内容包括林地和立木资产核算、林产品和服务的流量核算、森林环境服务核算和森林资源管理支出核算。而我国的森林生态系统核算的内容一般包括：林木、林地、林副产品和森林生态系统服务。因此，参考FAO林业环境经济核算账户和我国国民经济核算附属表的有关内容，本研究确定的宁夏贺兰山自然保护区森林资源核算评估的内容主要为林地、林木、林副产品。

1. 林地资产核算

林地是森林的载体，是森林物质生产和生态系统服务的源泉，是森林资源资产的重要组成部分，完成林地资产核算和账户编制是森林资源资产负债表的基础。本研究中林地资源的价值量估算主要采用年本金资本化法。其计算公式为：

$$E = A / 15P$$

式中：E——林地评估值（元 / 公顷）；

A——年平均地租 [元 /（亩·年）]；

P——利率（%）。

2. 林木资产核算

林木资源是重要的环境资源，可用于建筑和造纸、家具及其他产品生产，是重要的燃料来源和碳汇集地。编制林木资源资产账户，可将其作为计量工具提供信息，评估和管理林木资源变化及其提供的服务。

（1）幼龄林、灌木林等林木价值量采用重置成本法核算。其计算公式为：

$$E_n = k \cdot \sum_{i=1}^{n} C_i \ (1+P)^{\ n\text{-}i+1}$$

式中：E_n——林木资产评估值（元 / 公顷）；

k——林分质量调整系数；

C_i——第 i 年以现时工价及生产水平为标准计算的生产成本，主要包括各年投入的工资、物质消耗等（元）；

n——林分年龄；

P——利率（%）。

（2）中龄林、近熟林林木价值量采用收获现值法计算。其计算公式为：

$$E_n = k \cdot \frac{A_u + D_a \left(1+P\right)^{u-a} + D_b \left(1+P\right)^{\ u-b} + \cdots}{\left(1+P\right)^{u-n}} - \sum_{i=n}^{u} \frac{C_i}{\left(1+P\right)^{i-n+1}}$$

式中：E_n——林木资产评估值（元 / 公顷）；

k——林分质量调整系数；

A_u——标准林分 U 年主伐时的纯收入（元）；

D_a、D_b——标准林分第 a、b 年的间伐纯收入（元）；

C_i——第 i 年的营林成本（元）；

U——经营期；

n——林分年龄；

P——利率（%）。

（3）成熟林、过熟林林木价值量采用市场价倒算法计算。其计算公式为：

$$E_n = W - C - F$$

式中：E_n——林木资产评估值（元/公顷）；

W——销售总收入（元）；

C——木材生产经营成本（包括采运成本、销售费用、管理费用、财务费用、及有关税费）（元）；

F——木材生产经营合理利润（元）。

（4）本研究经济林林木价值量全部按照产前期经济林估算，产前期经济林林木资产主要采用重置成本法进行评估。其计算公式为：

$$E_n = K\{C_1 \cdot (1+P)^n + C_2[(1+P)^{n-1}]/P\}$$

式中：E_n——第 n 年经济林木资产评估值（元/公顷）；

C_1——第一年投资费（元）；

C_2——第一年后每年平均投资费（元）；

K——林分调整系数；

n——林分年龄；

P——利率（%）。

3. 林产品核算

林产品指从森林中，通过人工种植和养殖或自然生长的动植物上所获得的植物根、茎、叶、干、果实、苗木种子等可以在市场上流通买卖的产品，主要分为木质产品和非木质产品。其中，非木质产品是指以森林资源为核心的生物种群中获得的能满足人类生存或生产需要的产品和服务。包括植物类产品、动物类产品和服务类产品，如野果、药材、蜂蜜等。

林产品价值量评估主要采用市场价值法，在实际核算森林产品价值时，可按林产品种类分别估算。评估公式为：

某林产品价值 = 产品单价 × 该产品产量

（1）林地价值。本研究确定林地价格时，生长非经济树种的林地地租为 22.60 元/（亩·年），生长经济树种的林地地租为 35.00 元/（亩·年），利率按 6% 计算。根据相关公式可得，2014 年宁夏贺兰山自然保护区生长非经济树种林地（含灌木林）的价值量为 10.8 亿元，生长经济树种林地的价值量为 23.67 万元，林地总价值量为 10.80 亿元（表5-1）。

表 5-1　林地价值评估

林地类型	平均地租 [元/（亩·年）]	利率 （%）	林地价格 （元/公顷）	面积 （公顷）	价值 （10^8元）
非经济树种林地 （含灌木林）	22.60	6	5650.00	191127.08	10.8
经济树种林地	35.00	6	8750.00	27.05	<0.01
合计	—	—	—	—	10.8

（2）林木价值。宁夏贺兰山自然保护区 2014 年林木资产总价值为 5.23 亿元。其中，乔木林的林木资产价值量为 4.71 亿元，灌木林林木资产价值量为 0.52 亿元，非经济林林木资产价值量总计 5.23 亿元；结合林木实际结实情况，确定产前期经济林寿命为 n=5 年，投资收益参照林业平均利率取 p=6%，经济林林木资产价值量为 0.001 亿元（表 5-2）。

表 5-2　林木资产价值估算

单位	优势树种（组）	面积（公顷）	蓄积量（立方米）	资产评估值（10^8元）
宁夏贺兰山 自然保护区	乔木林	18608.25	1321344.38	4.71
	灌木林	8973.70	—	0.52
	经济林	27.05	—	<0.01
	合计	27609.00		5.23

注：此处乔木林统计面积不包括经济林面积。

（3）林产品价值。根据《中国林业统计年鉴 2014》中林产业的分类，可分为茶及其他饮料作物、中药材、森林食品、经济林产品种植与采集、花卉及其他观赏植物和陆生野生动物繁殖，参照这些林产业的产值，从而可以计算出林产品价值量。但由于《中国林业统计年鉴 2014》中只有宁夏 2013 年林产品资源价值量，无法估计宁夏贺兰山自然保护区的林产品资源价值量。

根据表 5-3 统计可知，宁夏贺兰山自然保护区 2014 年森林资源资产价值量（不含林产品价值）达 6.81 亿元，其中林木资源资产价值量为林地资源资产价值量的 3.31 倍。

表 5-3　宁夏贺兰山自然保护区森林资源价值量评估统计

单位：10^8元，%

森林资源	林地	林木			合计	林产品	合计	总计
		乔木林	灌木林	经济林				
宁夏贺兰山 自然保护区	10.8	4.71	0.52	<0.01	5.23	—	6.81	22.84

三、宁夏贺兰山自然保护区森林资源资产负债

结合上述计算方法以及宁夏贺兰山自然保护区森林生态系统服务功能价值量核算结果，编制出 2014 年宁夏贺兰山自然保护区森林资源资产负债表，如表 5-4 至表 5-7 所示。

表 5-4　资产负债表（一般资产账户 01 表）

单位：元

资产	行次	期初数	期末数	负债及所有者权益	行次	期初数	期末数
流动资产：				流动负债：			
货币资金	1			短期借款	40		
短期投资	2			应付票据	41		
应收票据	3			应收账款	42		
应收账款	4			预收款项	43		
减：坏账准备	5			育林基金	44		
应收账款净额	6			拨入事业费	45		
预付款项	7			专项应付款	46		
应收补贴款	8			其他应付款	47		
其他应收款	9			应付工资	48		
存货	10			应付福利费	49		
待摊费用	11			未交税金	50		
待处理流动资产净损失	12			其他应交款	51		
一年内到期的长期债券投资	13			预提费用	52		
其他流动资产	14			一年内到期的长期负债	53		
流动资产合计	15			其他流动负债	54		
营林、事业费支出：	16			流动负债合计	55		
营林成本	17			长期负债：			
事业费支出	18			长期借款	56		
					57		

（续）

资产	行次	期初数	期末数	负债及所有者权益	行次	期初数	期末数
营林、事业费支出合计	19			应付债券	58		
林木资产：	20			长期应付款	59		
林木资产	21				60		
长期投资：	22			其他长期负债	61		
长期投资	23			其中：住房周转金	62		
固定资产：	24				63		
固定资产原价	25			长期负债合计	64		
减：累积折旧	26			负债合计	65		
固定资产净值	27			所有者权益：	66		
固定资产清理	28			实收资本	67		
在建工程	29			资本公积	68		
待处理固定资产净损失	30			盈余公积	69		
固定资产合计	31			其中：公益金	70		
无形资产及递延资产：	32			未分配利润	71		
无形资产	33			林木资本	72		
递延资产	34			所有者权益合计	73		
无形资产及递延资产合计	35				74		
其他长期资产：	36				75		
其他长期资产	37				76		
资产总计	38			负债及所有者权益总计	77		

表5-5 森林资源资产负债表（森林资源资产负债02表）

单位：元

资产	行次	期初数	期末数	负债及所有者权益	行次	期初数	期末数
流动资产：	1			流动负债：	41		
货币资金	2			短期借款	42		
短期投资	3			应付票据	43		
应收账款	4			应付账款	44		
预付账款	5			预收款项	45		
其他应收款	6			育林基金	46		
待摊费用	7			拨入事业费	47		
待处理财产损益	8			专项应付款	48		
流动资产合计	9			其他应付款	49		
固定资产：	10			应付工资	50		
在建工程	11			国家投入	51		
长期投资	12			未交税金	52		
固定资产合计	13			应付林木损失费	53		
森林资源资产：	14			其他流动负债	54		
森林资产	15		2284000000	流动负债合计	55		
林木资产	16		523677696.89	长期负债：	56		
林地资产	17		1080104690	长期借款	57		
林产品资产	18		681000000	应付债券	58		
非培育资产	19			其他长期负债	59		
应补森源资产：	20			长期负债合计	60		

（续）

资产	行次	期初数	期末数	负债及所有者权益	行次	期初数	期末数
应补森源资产	21			负债合计	61		
应补林木资产款	22			应付资源资本：	62		
应补林地资产款	23			应付资源资本	63		
应补湿地资产款	24			应付林木资本	64		
应补非培育资产款	25			应付林地资本	65		
	26			应付湿地资本	66		
生量林木资产：	27			应付非培育资本	67		
生量林木资产	28			所有者权益：	68		
无形及递延资产：	29			实收资本	69		
无形资产	30			森林资本	70		2284000000
递延资产	31			林木资本	71		523677696.89
无形及递延资产合计	32			林地资本	72		1080104690
	33			林产品资本	73		681000000
	34			非培育资本	74		
	35			生量林木资本	75		
	36			资本公积	76		
	37			盈余公积	77		
	38			未分配利润	78		
	39			所有者权益合计	79		
资产总计	40		681000000	负债及所有者权益总计	80		681000000

单位：元

表 5-6　森林生态系统服务功能资产负债表（森林生态系统服务功能资产负债 03 表）

资产	行次	期初数	期末数	负债及所有者权益	行次	期初数	期末数
流动资产：				流动负债：			
货币资金	1			短期借款	75		
短期投资	2			应付账款	76		
应收账款	3			预收款项	77		
预付项款	4			专项应付款	78		
其他应收款	5			其他应付款	79		
待摊费用	6			应付工资	80		
	7			未交税金	81		
流动资产合计	8			应付票据	82		
无形及递延资产：				国家投入	83		
无形资产	9			应付林木损失费	84		
递延资产	10			其他流动负债	85		
无形及递延资产合计	11			拨入事业费	86		
固定资产：	12			流动负债合计	87		
长期投资	13				88		
其他资产	14			长期负债：	89		
固定资产合计	15			长期借款	90		
生态资产：	16			应付债券	91		
生态资产	17		1725576601.87	长期应付款	92		
涵养水源	18		374506847.45		93		
	19						

（续）

资产	行次	期初数	期末数	负债及所有者权益	行次	期初数	期末数
保育土壤	20		69096747.63	其他长期负债	94		
固碳释氧	21		31402627.91	长期负债合计	95		
林木积累营养物质	22		12456549.44	负债合计	96		
净化大气环境	23		511562779.66	应付生态资本：	97		
生物多样性保护	24		393426749.78	应付生态资本	98		
森林防护	25		-	涵养水源	99		
森林游憩	26		50500000.00	保育土壤	100		
提供林产品	27			固碳释氧	101		
其他生态服务功能	28			林木积累营养物质	102		
存量生态资产：	29			净化大气环境	103		
存量生态资产	30			生物多样性保护	104		
涵养水源	31			森林防护	105		
保育土壤	32			森林游憩	106		
固碳释氧	33			提供林产品	107		
林木积累营养物质	34			其他生态服务功能	108		
净化大气环境	35			所有者权益：	109		
生物多样性保护	36			实收资本	110		
森林防护	37			资本公积	111		
森林游憩	38			盈余公积	112		
提供林产品	39			未分配利润	113		

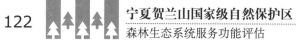

（续）

资产	行次	期初数	期末数	负债及所有者权益	行次	期初数	期末数
其他生态服务功能	40			生态资本	114		1725576601.87
生态交易资产：	41			涵养水源	115		374506847.45
生态交易资产	42			保育土壤	116		69096747.63
涵养水源	43			固碳释氧	117		314026627.91
保育土壤	44			林木积累营养物质	118		12456549.44
固碳释氧	45			净化大气环境	119		511562779.66
林木积累营养物质	46			生物多样性保护	120		393426749.78
净化大气环境	47			森林防护	121		-
生物多样性保护	48			森林游憩	122		50500000.00
森林防护	49			提供林产品	123		
森林游憩	50			其他生态服务功能	124		
提供林产品	51			生量生态资本	125		
其他生态服务功能	52			涵养水源	126		
应补生态资产：	53			保育土壤	127		
应补生态资产	54			固碳释氧	128		
涵养水源	55			林木积累营养物质	129		
保育土壤	56			净化大气环境	130		
固碳释氧	57			生物多样性保护	131		
林木积累营养物质	58			森林防护	132		
净化大气环境	59			森林游憩	133		

（续）

资产	行次	期初数	期末数	负债及所有者权益	行次	期初数	期末数
生物多样性保护	60			提供林产品	134		
森林防护	61			其他生态服务功能	135		
森林游憩	62			生态交易资本	136		
提供林产品	63			涵养水源	137		
其他生态服务功能	64			保育土壤	138		
	65			固碳释氧	139		
	66			林木积累营养物质	140		
	67			净化大气环境	141		
	68			生物多样性保护	142		
	69			森林防护	143		
	70			森林游憩	144		
	71			提供林产品	145		
	72			其他生态服务功能	146		
资产合计	73		1725576601.87	所有者权益合计	147		1725576601.87
	74			负债及所有者权益总计	148		1725576601.87

表5-7　资产负债表（综合资产负债 04 表）

单位：元

资产	行次	期初数	期末数	负债及所有者权益	行次	期初数	期末数
流动资产：				流动负债：			
货币资金	1			短期借款	100		
短期投资	2			应付票据	101		
应收票据	3			应付账款	102		
应收账款	4			预收款项	103		
减：坏账准备	5			育林基金	104		
应收账款净额	6			拨入事业费	105		
预付款项	7			专项应付款	106		
应收补贴款	8			其他应付款	107		
其他应收款	9			应付工资	108		
存货	10			应付福利费	109		
待摊费用	11			未交税金	110		
待处理流动资产净损失	12			其他应交款	111		
一年内到期的长期债券投资	13			预提费用	112		
其他流动资产	14			一年内到期的长期负债	113		
	15			国家投入	114		
	16			育林基金	115		
	17			其他流动负债	116		
流动资产合计	18			应付林木损失费	117		
营林、事业费支出：	19				118		

（续）

资产	行次	期初数	期末数	负债及所有者权益	行次	期初数	期末数
营林成本	20			流动负债合计	119		
事业费支出	21			应付森源资本：	120		
营林、事业费支出合计	22			应付森源资本	121		
森源资产：	23			应付林木资本款	122		
森源资产	24		2284000000	应付林地资本款	123		
林木资产	25		52367696.89	应付湿地资本款	124		
林地资产	26		1080104690	应付培育资本款	125		
林产品资产	27		681000000	应付生态资本：	126		
培育资产	28			应付生态资本	127		
应补森源资产：	29			涵养水源	128		
应补森源资产款	30			保育土壤	129		
应补林木资产款	31			固碳释氧	130		
应补林地资产款	32			林木积累营养物质	131		
应补湿地资产款	33			净化大气环境	132		
应补非培育资产款	34			生物多样性保护	133		
生量林木资产：	35			森林防护	134		
生量林木资产	36			森林游憩	135		
应补生态资产：	37			提供林产品	136		
应补生态资产款	38			其他生态服务功能	137		
涵养水源	39			长期负债：	138		

（续）

资产	行次	期初数	期末数
保育土壤	40		
固碳释氧	41		
林木积累营养物质	42		
净化大气环境	43		
生物多样性保护	44		
森林防护	45		
森林游憩	46		
提供林产品	47		
其他生态服务功能	48		
生态交易资产：	49		
生态交易资产	50		
涵养水源	51		
保育土壤	52		
固碳释氧	53		
林木积累营养物质	54		
净化大气环境	55		
生物多样性保护	56		
森林防护	57		
森林游憩	58		
提供林产品	59		

负债及所有者权益	行次	期初数	期末数
长期借款	139		
应付债券	140		
长期应付款	141		
其他长期负债	142		
其中：住房周转金	143		
长期发债合计	144		
负债合计	145		
所有者权益：	146		
实收资本	147		
资本公积	148		
盈余公积	149		
其中：公益金	150		
未分配利润	151		
生量林木资本	152		
生态资本	153		1725576601.87
涵养水源	154		374506847.45
保育土壤	155		69096747.63
固碳释氧	156		314026627.91
林木积累营养物质	157		12456549.44
净化大气环境	158		511562779.66

（续）

资产	行次	期初数	期末数
其他生态服务功能	60		
生态资产：	61		
生态资产	62		1725576601.87
涵养水源	63		374506847.45
保育土壤	64		69096747.63
固碳释氧	65		314026627.91
林木积累营养物质	66		12456549.44
净化大气环境	67		511562779.66
生物多样性保护	68		393426749.78
森林防护	69		-
森林游憩	70		50500000.00
提供林产品	71		
其他生态服务功能	72		
生量生态资产：	73		
生量生态资产	74		
涵养水源	75		
保育土壤	76		
固碳释氧	77		
林木积累营养物质	78		
净化大气环境	79		

负债及所有者权益	行次	期初数	期末数
生物多样性保护	159		393426749.78
森林防护	160		-
森林游憩	161		50500000.00
提供林产品	162		
其他生态服务功能	163		
森源资本	164		2284000000
林木资本	165		523677696.89
林地资本	166		1080104690
林产品资本	167		681000000
非培育资本	168		
生态交易资本	169		
涵养水源	170		
保育土壤	171		
固碳释氧	172		
林木积累营养物质	173		
净化大气环境	174		
生物多样性保护	175		
森林防护	176		
森林游憩	177		
提供林产品	178		

（续）

资产	行次	期初数	期末数
生物多样性保护	80		
森林防护	81		
森林游憩	82		
提供林产品	83		
其他生态服务功能	84		
长期投资：	85		
长期投资	86		
固定资产：	87		
固定资产原价	88		
减：累积折旧	89		
固定资产净值	90		
固定资产清理	91		
在建工程	92		
待处理固定资产净损失	93		
固定资产合计	94		
无形资产及递延资产：	95		
递延资产	96		
无形资产	97		
无形资产及递延资产合计	98		
资产总计	99		4009576601.87

负债及所有者权益	行次	期初数	期末数
其他生态服务功能	179		
存量生态资本	180		
涵养水源	181		
保育土壤	182		
固碳释氧	183		
林木积累营养物质	184		
净化大气环境	185		
生物多样性保护	186		
森林防护	187		
森林游憩	188		
提供林产品	189		
其他生态服务功能	190		
	191		
	192		
	193		
	194		
	195		
	196		
所有者权益合计	197		4009576601.87
负债及所有者权益总计	198		4009576601.87

参考文献

国家林业部 . 1982. 关于颁发《森林资源调查主要技术规定》的通知（林资字 [1982] 第 10 号）.

国家林业局 . 2003. 关于认真贯彻执行《森林资源规划设计调查主要技术规定》的通知（林资发 [2003]61 号）.

国家发展与改革委员会能源研究所（原国家计委能源所）. 1999. 能源基础数据汇编 (1999) [G], 16.

国家林业局 . 2004. 国家森林资源连续清查技术规定 [S].

国家林业局 . 2007. 干旱半干旱区森林生态系统定位监测指标体系 (LY/T 1688—2007) [S]. 北京：中国标准出版社 .

国家林业局 . 2007. 暖温带森林生态系统定位观测指标体系 (LY/T 1689—2007) [S]. 北京：中国标准出版社 .

国家林业局 . 2003. 森林生态系统定位观测指标体系 (LY/T 1606—2003) [S]. 北京：中国标准出版社 .

国家林业局 . 2005. 森林生态系统定位研究站建设技术要求 (LY/T 1626—2005) [S]. 北京：中国标准出版社 .

国家林业局 . 2010. 森林生态系统定位研究站数据管理规范 (LY/T1872—2010) [S]. 北京：中国标准出版社 .

国家林业局 . 2008. 森林生态系统服务功能评估规范 (LY/T 1721—2008) [S]. 北京：中国标准出版社 .

国家林业局 . 2016. 森林生态系统长期定位观测方法 (GB/T 33027—2016) [S]. 北京：中国标准出版社 .

国家林业局 . 2010. 森林生态站数字化建设技术规范 (LY/T1873—2010) [S]. 北京：中国标准出版社 .

国家林业局 .2014. 中国林业统计年鉴 2014[M]. 北京：中国林业出版社 .

宁夏回族自治区水利厅 .2015. 宁夏回族自治区水资源公报 [R].

宁夏回族自治区水利厅 .2015. 宁夏回族自治区水利公报 [R].

宁夏回族自治区统计局 , 国家统计局宁夏调查总队 . 2015. 宁夏统计年鉴 [M]. 北京：中国统计出版社 .

宁夏回族自治区统计局 , 国家统计局宁夏调查总队 . 2014. 宁夏统计年鉴 [M]. 北京：中国统计出版社 .

宁夏回族自治区统计局, 国家统计局宁夏调查总队 .2016. 宁夏回族自治区 2015 年国民经济和社会
　　发展统计公报 [R].

宁夏环境保护网 .2015. 2015 年宁夏回族自治区环境状况公报 [R].

宁夏环境保护网 .2015. 2015 年土地与农村环境 [R].

宁夏环境保护网 .2016-08-10. 宁夏水土保持规划（2016-2030 年）获批 . http://www.nxnews.net/sz/
　　nxdj/201608/t20160810_4109241.html

宁夏贺兰山国家级自然保护区管理局 .2008. 宁夏贺兰山国家级自然保护区森林资源规划设计调查
　　报告 [R].

宁夏新闻网 .2016-12-26. http://qualitytourism.cnta.gov.cn/news/show-20454141.html

宁夏网 .2006-09-18. http://nx.news.163.com/06/0918/10/2R9VOPQN006200B1.html

宁夏贺兰县统计局 .2016. 2015 年贺兰县国民经济和社会发展统计公报 [R].

白学良 .2010. 贺兰山苔藓植物 [M]. 银川：阳光出版社 .

蔡炳花, 王兵, 杨国亭, 等 .2014. 黑龙江省森林与湿地生态系统服务功能研究 [M]. 哈尔滨：东北
　　林业大学出版社 .

董秀凯, 王兵, 耿绍波 .2014. 吉林省露水河林业局森林生态连清与价值评估报告 [M]. 长春：吉林
　　大学出版社 .

房瑶瑶 .2015. 森林调控空气颗粒物功能及其与叶片微观结构关系的研究——以陕西省关中地区森
　　林为例 [D]. 北京：中国林业科学研究院 .

房瑶瑶, 王兵, 牛香 .2015. 陕西省关中地区主要造林树种大气颗粒物滞纳特征 [J]. 生态学杂志,
　　34(6): 1516-1522.

郭慧 .2014. 森林生态系统长期定位观测台站布局体系研究 [D]. 北京：中国林业科学研究院 .

李景全, 牛香, 曲国庆, 等 .2017. 山东省济南市森林与湿地生态系统服务功能研究 [M]. 北京：中
　　国林业出版社 .

梁存柱, 朱宗元, 李志刚 .2012. 贺兰山植被 [M]. 银川：阳光出版社 .

刘振生 .2009. 贺兰山脊椎动物 [M]. 银川：宁夏人民出版社 .

楼晓饮, 王泽鹏, 李志刚 .2012. 宁夏贺兰山森林资源 [M]. 银川：阳光出版社 .

牛香, 王兵 .2012. 基于分布式测算方法的福建省森林生态系统服务功能评估 [J]. 中国水土保持科
　　学, 10(2): 36-43.

牛香 .2012. 森林生态效益分布式测算及其定量化补偿研究——以广东和辽宁省为例 [D]. 北京：北
　　京林业大学 .

牛香, 薛恩东, 王兵, 等 .2017. 森林治污减霾功能研究——以北京市和陕西关中地区为例 [M]. 北

京：科学出版社 .

潘勇军 . 2013. 基于生态 GDP 核算的生态文明评价体系构建 [D]. 北京：中国林业科学研究院 .

全国绿化委员会，国家林业局 . 2001. 关于开展古树名木普查建档工作的通知 (全绿字 [2001]15 号).

人民网 - 中国共产党新闻网 . 2015-11-23. http://dangjian.people.com.cn/n/2015/1123/c117092-27844846. html

任军，宋庆丰，山广茂，等 . 2016. 吉林省森林生态连清与生态系统服务研究 [M]. 北京：中国林业 出版社 .

宋庆丰 . 2015. 中国近 40 年森林资源变迁动态对生态功能的影响研究 [D]. 北京：中国林业科学研 究院 .

夏尚光，牛香，苏守香，等 . 2016. 安徽省森林生态连清与生态系统服务研究 [M]. 北京：中国林业 出版社 .

王兵，崔向慧，杨锋伟 . 2004. 中国森林生态系统定位研究网络的建设与发展 [J]. 生态学杂志 ,23(4): 84-91.

王兵，崔向慧 . 2003. 全球陆地生态系统定位研究网络的发展 [J]. 林业科技管理 , (2): 15-21.

王兵，宋庆丰 . 2012. 森林生态系统物种多样性保育价值评估方法 [J]. 北京林业大学学报 ,34(2): 157- 160.

王兵 . 2011. 广东省森林生态系统服务功能评估 [M]. 北京：中国林业出版社 .

王兵，鲁绍伟 . 2009. 中国经济林生态系统服务价值评估 [J]. 应用生态学报 , 20(2): 417-425.

王兵，鲁绍伟，尤文忠，等 . 2010. 辽宁省森林生态系统服务价值评估 [J]. 应用生态学报 , (7): 1792- 1798.

王兵，马向前，郭浩，等 . 2009. 中国杉木林的生态系统服务价值评估 [J]. 林业科学 , 45(4): 124-130.

王兵，任晓旭，胡文 . 2011. 中国森林生态系统服务功能的区域差异研究 [J]. 北京林业大学学报 , 33(2): 43-47.

王兵，任晓旭，胡文 . 2011. 中国森林生态系统服务功能及其价值评估 [J]. 林业科学 , 47(2): 145-153.

王兵，魏江生，胡文 . 2011. 中国灌木林—经济林—竹林的生态系统服务功能评估 [J]. 生态学报 , 31(7): 1936-1945.

王兵，郑秋红，郭浩 . 2008. 基于 Shannon-Wiener 指数的中国森林物种多样性保育价值评估方法 [J]. 林业科学研究 , 21 (2) : 268-274.

王兵，魏江生，胡文 . 2009. 贵州省黔东南州森林生态系统服务功能评估 [J]. 贵州大学学报：自然科 学版 , 26(5): 42-47.

王小明 . 2011. 宁夏贺兰山国家级自然保护区综合科学考察 [M]. 银川：阳光出版社 .

王新谱, 杨贵军. 2010. 宁夏贺兰山昆虫 [M]. 银川 : 阳光出版社.

杨国亭, 王兵, 殷彤, 等. 2016. 黑龙江省森林生态连清与生态系统服务研究 [M]. 北京 : 中国林业出版社.

张维康. 2016. 北京市主要树种滞纳空气颗粒物功能研究 [D]. 北京 : 北京林业大学.

张永利, 杨锋伟, 王兵, 等. 2010. 中国森林生态系统服务功能研究 [M]. 北京 : 科学出版社.

朱宗元, 梁存柱, 李志刚. 2011. 贺兰山植物志 [M]. 银川 : 阳光出版社.

中国气象影视信息网. 2006-04-10. http://www.sina.com.cn

中华人民共和国水利部. 2015. 2015 年中国水土保持公报 [R].

中国森林生态服务功能评估项目组. 2010. 中国森林生态服务功能评估 [M]. 北京 : 中国林业出版社.

中国人民共和国国家标准. 2010. 森林资源规划设计调查技术规程 (GB/T 26424—2010) [S].

中华人民共和国国家统计局. 2015. 中国统计年鉴 (2015)[M]. 北京 : 中国统计出版社.

中华人民共和国水利部. 2010. 全国水利发展统计公报 [R].

中华人民共和国水利部. 2014. 年中国水土保持公报 [R].

中华人民共和国卫生部. 2013. 中国卫生统计年鉴 (2013)[M]. 北京 : 中国协和医科大学出版社.

Ali A A, Xu C, Rogers A, et al. 2015. Global-scale environmental control of plant photosynthetic capacity [J]. Ecological Applications, 25(8): 2349-2365.

Alifragis D, Smiris P, Maris F et al. 2001. The effect of stand age on the accumulation of nutrients in the aboveground components of an Aleppo pine ecosystem[J]. Forest Ecology and Management, 141:259-269.

Bellassen V, Viovy N, Luyssaert S, et al. 2011. Reconstruction and attribution of the carbon sink of European forests between 1950 and 2000[J]. Global Change Biology,17(11): 3274-3292.

Calzadilla P I, Signorelli S, Escaray F J, et al. 2016. Photosynthetic responses mediate the adaptation of two Lotus japonicus ecotypes to low temperature[J]. Plant Science,250: 59-68.

Carroll C, Halpin M, Burger P, et al. 1997. The effect of crop type, crop rotation, and tillage practice on runoff and soil loss on a Vertisol in central Queensland[J]. Australian Journal of Soil Research,35(4): 925-939.

Constanza R, d' Arge R, de Groot R, et al. 1997. The value of the world ' s ecosystem services and natural capital. Nature, 387: 253-260.

Daily G C, et al. 1997. Nature's Services: Societal Dependence on Natural Ecosystems[M]. Washington DC: Island Press. Environment, 11 (2): 1008-1016.

Deng H B, Wang Y M, Zhang Q X. 2006. On island landscape pattern of forests in Helan Mountain and its cause of formation[J]. Series E Technological Sciences, 49:45-53.

Fang J Y, Wang G G, Liu G H, et al. 1998. Forest biomass of China: An estimate based on the biomass-volume relationship. Ecological Applications, 8(4): 1084-1091.

Fang J Y, Chen A P, Peng C H, et al. 2001. Changes in Forest Biomass Carbon Storage in China Between 1949 and 1998[J]. Science, 292: 2320-2322.

Feng L, Cheng S K, Su H, et al. 2008. A theoretical model for assessing the sustainability of ecosystem services[J]. Ecological Economy, 4: 258-265.

Fu B J, Liu Y, Lü Y et al. 2011. Assessing the soil erosion control service of ecosystems change in the Loess Plateau of China[J]. Ecological Complexity, 8(4): 284-293.

Gilley J E, Risse L M.2000. Runoff and soil loss as affected by the application of manure[J]. Transactions of theAmerican Society of Agricultural Engineers, 43(6): 1583-1588.

Hofman J, Stokkaer I, Snauwaert L, et al. 2013. Spatial distribution assessment of particulate matter in an urban street canyon using biomagnetic leaf monitoring of tree crown deposited particle. Environment Pollution, 183:123-132.

Hwang H, Yook S, Ahn K. 2011. Experimental investigation of submicron and ultrafine soot particle removal by tree leaves. Atmospheric Environment, 45(38):6978-6994.

Hagit Attiya. 2008. 分布式计算 [M]. 北京 : 电子工业出版社 .

IPCC. 2003. Good Practice Guidance for Land Use, Land-Use Change and Forestry[J] . The Institute for Global Environmental Strategies (IGES).

Johan B, Hooshang M. 2000. Accumulation of Nutrients in Above and Below Ground Biomass in Response to Ammonium Sulphate Addition in a Norway Spruce Stand in Southwest Sweden[J]. Acid rain, 1049-1054.

Kamoi S, Suzuki H, Yano Y, et al. 2014. Tree and forest effects on air quality and human health in the United States. Environment Pollution, 193(4):119-129.

Li L, Wang W, Feng J L, et al. 2010. Composition, source, mass closure of $PM_{2.5}$ aerosols for four forests in eastern China[J]. Journal of Environmental Sciences. 3:405-409.

Li L M, Zeng Z X, Lu Y J, et al. 2014. LA-ICP-MS U-Pb geochronology of detrital zircons from the Zhaochigou Formation-complex in the Helan Mountain and its tectonic significance[J]. Chin. Sci. Bull.59(13):1425-1437.

Liu B J, Feng S Y, Ji J F, et al. 2017. Lithospheric structure and faulting characteristics of the Helan Mountains and Yinchuan Basin: Results of deep seismic reflection profiling[J]. Sci China Earth Sci, 60,(3):589-601.

Liu S N, Zhou T, Wei L Y, et al. 2012. The spatial distribution of forest carbon sinks and sources in China[J]. Chinese Science Bulletin, 57 (14): 1699-1707.

Liu J H, Zhang P Z, Zheng D W, et al. 2010. Pattern and timing of late Cenozoic rapid exhumation and uplift of the Helan Mountain, China[J]. Sci China Earth Sci, 53 (3):345-355.

Liu Y, Shi J F, Shishov V, et al. 2004. Reconstruction of May-July precipitation in the north Helan Mountain, Inner Mongolia since A.D. 1726 from tree-ring late-wood widths[J]. Chinese Science Bulletin, 49(4): 405-409.

Liu Y S, Gao J, Yang Y F. 2003. A holistic approach towards assessment of severity of land degradation along the great wall in northern Shaanxi Province, China[J]. Environmental Monitoring and Assessment, 82(2): 187-202.

MA (Millennium Ecosystem Assessment). 2005. Ecosystem and Human Well-Being: Synthesis[M]. Washington D C: Island Press.

Murty D, McMurtrie R E.2000. The decline of forest productivity as stands age: a model-based method for analysing causes for the decline[J]. Ecological modelling,134(2): 185-205.

Neinhuis C, Barthlott W. 1998. Seasonal changes of leaf surface contamination in beech, oak, and ginkgo in relation to leaf micromorphology and wettability. New Phytologist, 138(1):91-98.

Nikolaev A N, Fedorov P P, Desyatkin A R. 2011. Effect of hydrothermal conditions of permafrost soil on radial growth of larch and pine in Central Yakutia [J]. Contemporary Problems of Ecology, 4(2): 140-149.

Niu X, Wang B, Wei W J. 2013. Chinese Forest Ecosystem Research Network: A Plat Form for Observing and Studying Sustainable Forestry [J]. Journal of Food, Agriculture & Environment, 11(2):1232-1238.

Niu X, Wang B. 2013. Assessment of forest ecosystem services in China: A methodology [J].Journal of Food, Agriculture & Environment, 11 (3&4): 2249-2254.

Palmer M A, Morse J, Bernhardt E, et al. 2004. Ecology for a crowed planet [J]. Science, 304: 1251-1252.

Pang Y, Zhang B P, Zhao F, et al. 2013. Omni-Directional Distribution Patterns of Montane Coniferous Forest in the Helan Mountains of China[J]. J. Mt. Sci. 10(5): 724-733.

Post W M, Emanuel W R, Zinke P J, et al. 1982. Soil carbon pools and world life zones[J]. Nature, 298: 156-159.

Ritsema C J. 2003.Introduction: Soil erosion and participatory land use planning on the Loess Plateau in China[J]. Catena, 54(1): 1-5.

Smith N G, Dukes J S. 2013. Plant respiration and photosynthesis in global scale models: incorporating acclimation to temperature and CO_2 [J]. Global Change Biology,19(1): 45-63.

Song C, Woodcock C E. Monitoring forest succession with multitemporal Landsat images: Factors of uncertainty [J]. IEEE Transactions on Geoscience and Remote Sensing, 2003, 41(11): 2557-2567.

Sutherland W J, Armstrong-Brown S, Armsworth P R, et al. 2006. The identification of 100 ecological questions of high policy relevance in the UK [J]. Journal of Applied Ecology, 43: 617-627.

Tan M H, Li X B, Xie H. 2005. Urban land expansion and arable land loss in China: A case study of Beijing-

Tianjin-Hebei region[J]. Land Use Policy, 22(3): 187-196.

Tekiehaimanot Z. 1991. Rainfall interception and boundary conductance in relation to trees pacing[J]. Jhydrol, 123:261-278.

Wainwright J, Parsons A J, Abrahams A D. 2000. Plot-scale studies of vegetation, overland flow and erosion interactions : case studies from Arizona and New Mexico: Linking hydrology and ecology. Hydrological processes.

Wang B, Cui X H, Yang F W. 2004. Chinese forest ecosystem research network (CFERN) and its development [J]. China E-Publishing, 4: 84-91.

Wang B, Wei W J, Xing Z K, et al. 2012. Biomass Carbon Pools of Cunninghamia Lanceolata (Lamb.) Hook [J]. Forests in Subtropical China: Characteristics and Potential.ScandinavianJournal of Forest Research: 1-16.

Wang B, Wei W J, Liu C J, et al. 2013. Biomass and Carbon Stock in Moso Bamboo Forests in Subtropical China: Characteristics and Implications [J]. Journal of Tropical Forest Science.25(1): 137-148.

Wang B, Wang D, Niu X. 2013. Past, Present and Future Forest Resources in China and the Implications for Carbon Sequestration Dynamics [J]. Journal of Food, Agriculture & Environment. 11(1): 801-806.

Wang D, Wang B, Niu X. 2014. Forest carbon sequestration in China and its benefits [J].Scandinavian Journal of Forest Research. 29 (1): 51-59.

Wang R, Sun Q, Wang Y, et al. 2017.Temperature sensitivity of soil respiration: Synthetic effects of nitrogen and phosphorus fertilization on Chinese Loess Plateau [J]. Science of The Total Environment, 574: 1665-1673.

Wang Z Y, Wang G Q, Huang G H. 2008. Modeling of state of vegetation and soil erosion over large areas[J]. International Journal of Sediment Research, 23:181-196.

Xiao L, Xue S, Liu G B et al. 2014. Fractal features of soil profiles under different land use patterns on the Loess Plateau, China[J]. Journal of Arid Land, 6(5): 550-560.

Xue P P, Wang B, Niu X. 2013. A Simplified Method for Assessing Forest Health, with Application to Chinese Fir Plantations in Dagang Mountain, Jiangxi, China [J]. Journal of Food, Agriculture & Environment, 11(2):1232-1238.

Yang J, Zeng Z X, Cai X F, et al. 2013.Carbon and oxygen isotopes analyses for the Sinian carbonates in the Helan Mountain, North China[J]. Chinese Science Bulletin, 32:1-13.

You W Z, Wei W J, Zhang H D. 2013. Temporal patterns of soil CO2 efflux in a temperate Korean Larch(Larix olgensis Herry.) plantation, Northeast China [J]. Trees. 27 (5): 1417-1428.

Zhang B, Li W H, Xie G D, et al. 2010. Water conservation of forest ecosystem in Beijing and its value[J]. Ecological Economics, 69(7): 1416-1426.

Zhang W, He M Y, Li Y H, et al. 2012. Quaternary glacier development and the relationship between the climate change and tectonic uplift in the Helan Mountain[J]. Chinese Science Bulletin, 57 (34): 4491-4504.

Zhang W K, Wang B, Niu X. 2015.Study on the adsorption capacities for airborne particulates of landscape plants in different polluted regions in Beijing (China) [J]. International journal of environmental research and public health,12(8): 9623-9638.

名词术语

生态文明

生态文明是指人类遵循人与自然、与社会和谐协调，共同发展的客观规律而获得的物质文明与精神文明成果，是人类物质生产与精神生产高度发展的结晶，是自然生态和人文生态和谐统一的文明形态。

生态系统功能

生态系统的自然过程和组分直接或间接地提供产品和服务的能力，包括生态系统服务功能和非生态系统服务功能。

生态系统服务

生态系统中可以直接或间接地为人类提供的各种惠益，生态系统服务建立在生态系统功能的基础之上。

生态系统服务转化率

生态系统实际所发挥出来的服务功能占潜在服务功能的比率，通常用百分比 (%) 表示。

森林生态效益定量化补偿

政府根据森林生态效益的大小对生态系统服务提供者给予的补偿。

森林生态系统服务全指标体系连续观测与清查（简称：森林生态连清）

森林生态系统服务全指标体系连续观测与清查（简称"森林生态连清"）是以生态地理区划为单位，以国家现有森林生态站为依托，采用长期定位观测技术和分布式测算方法，定期对同一森林生态系统服务进行重复的全指标体系观测与清查，它与国家森林资源连续清查耦合，用以评价一定时期内森林生态系统的服务，以及进一步了解森林生态系统的动态变化。这是生态文明建设赋予林业行业的最新使命和职能，同时可为国家生态建设发挥重要支撑作用。

森林生态功能修正系数（FEF-CC）

基于森林生物量决定林分的生态质量这一生态学原理，森林生态功能修正系数是指评估林分生物量和实测林分生物量的比值。反映森林生态服务评估区域森林的生态质量状况，还可以通过森林生态功能的变化修正森林生态系统服务的变化。

贴现率

又称门槛比率，指用于把未来现金收益折合成现在收益的比率。

绿色 GDP

在现行 GDP 核算的基础上扣除资源消耗价值和环境退化价值。

生态 GDP

在现行 GDP 核算的基础上，减去资源消耗价值和环境退化价值，加上生态系统的生态效益，也就是在绿色 GDP 核算体系的基础上加入生态系统的生态效益。

附 表

附表 1 IPCC 推荐使用的木材密度（D）

单位：吨干物质／立方米鲜材积

气候带	树种组	D	气候带	树种组	D
北方生物带、温带	冷杉	0.40	热带	陆均松	0.46
	云杉	0.40		鸡毛松	0.46
	铁杉柏木	0.42		加勒比松	0.48
	落叶松	0.49		楠木	0.64
	其他松类	0.41		花榈木	0.67
	胡桃	0.53		桃花心木	0.51
	栎类	0.58		橡胶	0.53
	桦木	0.51		楝树	0.58
	槭树	0.52		椿树	0.43
	樱桃	0.49		柠檬桉	0.64
	其他硬阔林	0.53		木麻黄	0.83
	椴树	0.43		含笑	0.43
	杨树	0.35		杜英	0.40
	柳树	0.45		猴欢喜	0.53
	其他软阔类	0.41		银合欢	0.64

资料来源：引自 IPCC (2003)。

附表 2 不同树种（组）单木生物量模型及参数

序号	公式	树种组	建模样本数	模型参数 a	模型参数 b
1	$B/V=a(D^2H)^b$	杉木类	50	0.788432	−0.069959
2	$B/V=a(D^2H)^b$	马尾松	51	0.343589	0.058413
3	$B/V=a(D^2H)^b$	南方阔叶类	54	0.889290	−0.013555
4	$B/V=a(D^2H)^b$	红松	23	0.390374	0.017299
5	$B/V=a(D^2H)^b$	云冷杉	51	0.844234	−0.060296
6	$B/V=a(D^2H)^b$	落叶松	99	1.121615	−0.087122
7	$B/V=a(D^2H)^b$	胡桃楸、黄波罗	42	0.920996	−0.064294
8	$B/V=a(D^2H)^b$	硬阔叶类	51	0.834279	−0.017832
9	$B/V=a(D^2H)^b$	软阔叶类	29	0.471235	0.018332

资料来源：引自李海奎和雷渊才 (2010)。

附表3　IPCC 推荐使用的生物量转换因子 (BEF)

编号	a	b	森林类型	R^2	备注
1	0.46	47.50	冷杉、云杉	0.98	针叶树种
2	1.07	10.24	桦木	0.70	阔叶树种
3	0.74	3.24	木麻黄	0.95	阔叶树种
4	0.40	22.54	杉木	0.95	针叶树种
5	0.61	46.15	柏木	0.96	针叶树种
6	1.15	8.55	栎类	0.98	阔叶树种
7	0.89	4.55	桉树	0.80	阔叶树种
8	0.61	33.81	落叶松	0.82	针叶树种
9	1.04	8.06	樟木、楠木、槠、青冈	0.89	阔叶树种
10	0.81	18.47	针阔混交林	0.99	混交树种
11	0.63	91.00	檫木、阔叶混交林	0.86	混交树种
12	0.76	8.31	杂木	0.98	阔叶树种
13	0.59	18.74	华山松	0.91	针叶树种
14	0.52	18.22	红松	0.90	针叶树种
15	0.51	1.05	马尾松、云南松、思茅松	0.92	针叶树种
16	1.09	2.00	樟子松、赤松	0.98	针叶树种
17	0.76	5.09	油松	0.96	针叶树种
18	0.52	33.24	其他松类和针叶树	0.94	针叶树种
19	0.48	30.60	杨树	0.87	阔叶树种
20	0.42	41.33	铁杉、柳杉、油杉	0.89	针叶树种
21	0.80	0.42	热带雨林	0.87	阔叶树种

资料来源：引自 Fang 等 (2001)。

附表 4　宁夏贺兰山自然保护区森林生态系统服务评估社会公共数据表（2014 年推荐使用价格）

编号	名称	单位	出处值	2014价格	来源及依据
1	水库建设单位库容投资	元/吨	6.32	6.78	中华人民共和国审计署，2013年第23号公告；长江三峡工程竣工财务决算草案审计结果，三峡工程动态总投资合计2485.37亿元；水库正常蓄水位高程175米，总库容393亿立方米。贴现至2014年
2	水的净化费用	元/吨	1.70	1.70	银川市居民用自来水2014年水价，来源于宁夏省物价局官方网站
3	挖取单位面积土方费用	元/立方米	27.30	27.30	根据2002年黄河水利出版社出版《中华人民共和国水利部水利建筑工程预算定额》（上册）中人工挖土方Ⅰ类和Ⅱ类土方每100立方米需42工时，人工费依据宁夏回族自治区《关于调整宁夏回族自治区计价定额人工费的通知》取65元/工日
4	磷酸二铵含氮量	%	14.00	14.00	化肥产品说明
5	磷酸二铵含磷量	%	15.01	15.01	
6	氯化钾含钾量	%	50.00	50.00	
7	磷酸二铵化肥价格	元/吨	3300.00	3538.33	根据中国化肥网（http://www.fert.cn）2013年春季公布的磷酸二铵和氯化钾化肥平均价格，磷酸二铵价格为3300元/吨；氯化钾化肥价格为2800元/吨；有机质肥料的春季平均价格，为800元/吨
8	氯化钾化肥价格	元/吨	2800.00	3002.22	
9	有机质价格	元/吨	800.00	857.78	2013年鸡粪有机肥的春季平均价格，（www.ampcn.com）
10	固碳价格	元/吨	855.40	917.18	采用2013年瑞典碳税价格：136美元/吨二氧化碳，人民币对美元汇率2013年平均汇率6.2897计算，贴现至2014年。
11	制造氧气价格	元/吨	3861.34	3861.34	根据宁夏医用氧气厂2015年银川医用氧气市场价格。40升规格储气量为5800升，氧气的密度为1.429克/升，零售价格为36元
12	负离子生产费用	元/10^{18}个	6.56	6.56	根据企业生产的适用范围30平方米（房间高3米），功率为6瓦，负离子浓度1000000个/立方米，其中负离子发生器而推断获得，使用寿命为10年，价格每个65元的KLD-2000型负离子发生器，根据宁夏自治区物价局官方网站电网销售电价，居民生活用电现行价格为0.4486元/千瓦时
13	二氧化硫治理费用	元/千克	1.20	1.99	采用中华人民共和国国家发展和改革委员会2003年第31号令《排污费征收标准及计算方法》中北京市高硫煤二氧化硫排污费收费标准1.20元/千克；氟化物排污费收费标准为0.15元/千克；一般粉尘排污费收费标准为0.63元/千克，贴现到2014年二氧化硫排污费收费标准为1.99元/千克，氟化物排污费收费标准为1.14元/千克；氮氧化物排污费收费标准1.04元/千克，一般粉尘排污费收费标准为0.25元/千克
14	氟化物治理费用	元/千克	0.69	1.14	
15	氮氧化物治理费用	元/千克	0.63	1.04	
16	降尘清理费用	元/千克	0.15	0.25	

（续）

编号	名称	单位	出处值	2014价格	来源及依据
17	Pm$_{10}$所造成健康危害经济损失	元/千克	28.30	30.34	根据David等2013年《Modeled PM$_{2.5}$ removal by trees in ten U.S. cities and associated health effects》中对美国十个城市绿色植被吸附PM$_{2.5}$及对健康价值影响的研究。其中，价值贴现至2014年，人民币对美元汇率按照2013年平均汇率6.2897计算
18	Pm$_{2.5}$所造成健康危害经济损失	元/千克	4350.89	4665.12	
19	生物多样性保护价值	元/(公顷·年)	— — — — — — —		根据Shannon-Wiener指数计算生物多样性保护价值，采用2008年价格，即： Shannon-Wiener指数<1时，S$_1$为3000[元/(公顷·年)]； 1≤Shannon-Wiener指数<2，S$_1$为5000[元/(公顷·年)]； 2≤Shannon-Wiener指数<3，S$_1$为10000[元/(公顷·年)]； 3≤Shannon-Wiener指数<4，S$_1$为20000[元/(公顷·年)]； 4≤Shannon-Wiener指数<5，S$_1$为30000[元/(公顷·年)]； 5≤Shannon-Wiener指数<6，S$_1$为40000[元/(公顷·年)]； 指数≥6时，S$_1$为50000[元/(公顷·年)]价格 通过贴现率贴现至2014年价格

附件

附件 1　相关媒体报道

森林资源清查理论和实践有重要突破

森林是人类繁衍生息的根基，可持续发展的保障。目前，水土流失、土地荒漠化、湿地退化、生物多样性减少等问题依然较为严重，在这些严重的生态危机面前，人类已经开始警醒，深刻认识到森林的重要地位和关键作用，并开始采取行动，促进发展与保护的统一，追求经济、社会、生态、文化的协同发展。

当前，我国正处在工业化的关键时期，经济持续增长对环境、资源造成很大压力。如何客观、动态、科学地评估森林的生态服务功能，解决好生产发展与生态建设保护的关系，估测全国主要森林类型生物量与碳储量，进行碳收支评估，揭示主要森林生态系统碳汇过程及其主要发生区域，反映我国森林资源保护与发展进程等一系列问题，就显得尤为重要。

近日，由国家林业局和中国林业科学研究院共同首次对外公布的《中国森林生态服务功能评估》与《中国森林植被生物量和碳储量评估》，从多个角度对森林生态功能进行了详细阐述，这对于加深人们的环境意识，促进加强林业建设在国民经济中的主导地位，提高森林经营管理水平，加快将环境纳入国民经济核算体系及正确处理社会经济发展与生态环境保护之间的关系，以及客观反映我国森林对全球碳循环及全球气候变化的贡献，加快森林生物量与碳循环研究的国际化进程，都具有重要意义。

森林，不仅是人类繁衍生息的根基，也是人类可持续发展的保障。伴随着气候变暖、土地沙化、水土流失、干旱缺水、生物多样性减少等各种生态危机对人类的严重威胁，人们对林业的价值和作用的认识，由单纯追求木材等直接经济价值转变为追求综合效益，特别是涵养水源、保育土壤、固碳释氧、净化空气等多种功能的生态价值。

近年来，中国林业取得了举世瞩目的成就，生态建设取得重要进展，国家林业重点生态工程顺利实施，生态功能显著提升，为国民经济和社会发展作出了重大贡献。党和国家为此赋予了林业新的"四个地位"——在贯彻可持续发展战略中具有重要地位，在生态建设中具有首要地位，在西部大开发中具有基础地位，在应对气候变化中具有特殊地位。

以此为契机，最近完成的《中国森林生态服务功能评估》研究，以真实而广博的数据来源，科学的测算方法，系统的归纳整理，全面评估了中国森林生态服务功能的物质量和价值量，为构建林业三大体系、促进现代林业发展提供了科学依据。

所谓的森林生态系统服务功能，是指森林生态系统与生态过程所形成及所维持的人类赖以生存的自然环境条件与效用。森林生态系统的组成结构非常复杂，生态功能繁多。1997 年，美国学者 Costanza 等在《Nature》上发表文章《The Value of the World's Ecosystem Services and Natural Capital》，在世界上最先开展了对全球生态系统服务功能及其价值的估算，评估了温带森林的气候调节、干扰调节、水调节、土壤形成、养分循环、休闲等 17 种生态服务功能。

2001 年，世界上第一个针对全球生态系统开展的多尺度、综合性评估项目—联合国千年生态系统评估（MA）正式启动。它评估了供给服务（包括食物、淡水、木材和纤维、燃料等）、调节服务（包括调节气候、调节洪水、调控疾病、净化水质等）、文化服务（包括美学方面、精神方面、教育方面、消遣方面等）和支持服务（包括养分循环、大气中氧气的生产、土壤形成、初级生产等）等 4 大功能的几十种指标。

此外，世界粮农组织（FAO）全球森林资源评估以及《联合国气候变化框架公约》、《生物多样性公约》等均定期对森林生态状况进行监测评价，把握世界森林生态功能效益的变化趋势。日本等发达国家也不断加强对森林生态服务功能的评估，自 1978 年至今已连续 3 次公布全国森林生态效益，为探索绿色 GDP 核算、制定国民经济发展规划、履行国际义务提供了重要支撑。

我国高度重视森林生态服务功能效益评估研究，经过几十年的借鉴吸收和研究探索，建立了相应的评估方法和定量标准，为开展全国森林生态服务功能评估奠定了基础，积累了经验。

2008 年出版的中国林业行业标准《森林生态系统服务功能评估规范》，是目前世界上唯一一个针对生态服务功能而设立的国家级行业标准，它解决了由于评估指标体系多样、评估方法差异、评估公式不统一，从而造成的各生态站监测结果无法进行比较的弊端，构建了包括涵养水源、保育土壤、固碳释氧、营养物质积累、净化大气环境、森林防护、生物多样性保护和森林游憩等 8 个方面 14 个指标的科学评估体系，采用了由点到面、由各省（区、市）到全国的方法，从物质量和价值量两个方面科学地评估了中国森林生态系统的服务功能和价值。

数据源是评估科学性与准确性的基础，《中国森林生态服务功能评估》的数据源包括三类：一是国家林业局第七次全国森林资源清查数据；二是国家林业局中国森林生态系统定位研究网络（CFERN）35 个森林生态站长期、连续、定位观测研究数据集、中国科学院中国生态系统研究网络（CERN）的 10 个森林生态站、高校等教育系统 10 多个观测站，以及一些科研基地半定位观测站的数据集，这些森林生态站覆盖了中国主要的地带性植被分布区，可以得到某种林分在某个生态区位的单位面积生态功能数据；三是国家权威机构发布的社会公共数据，如《中国统计年鉴》以及农业部、水利部、卫生部、发改委等发布的数据。

　　评估方法采用的是科学有效的分布式测算方法，以中国森林生态系统定位研究网络建立的符合中国森林生态系统特点的《森林生态系统定位观测指标体系》为依据，依托全国森林生态站的实测样地，以省（市、自治区）为测算单元，区分不同林分类型、不同林龄组、不同立地条件，按照《森林生态系统服务功能评估规范》对全国46个优势树种林分类型（此外还包括经济林、竹林、灌木林）进行了大规模生态数据野外实地观测，建立了全国森林生态站长期定位连续观测数据集。并与第七次全国森林资源连续清查数据相耦合，评估中国森林生态系统服务功能。

　　评估结果表明，我国森林每年涵养水源量近5000亿立方米，相当于12个三峡水库的库容量；每年固持土壤量70亿吨，相当于全国每平方公里平均减少了730吨的土壤流失。

　　同时，每年固碳3.59亿吨（折算成吸收CO_2为13.16亿吨，其中土壤固碳0.58亿吨），释氧量12.24亿吨，提供负离子1.68×10^{27}个，吸收二氧化硫297.45亿千克，吸收氟化物10.81亿千克，吸收氮氧化物15.13亿千克，滞尘50014.13亿千克。6项森林生态服务功能价值量合计每年超过10万亿元，相当于全国GDP总量的1/3。

　　《中国森林生态服务功能评估》从物质量和价值量两个方面，首次对全国森林生态系统涵养水源、保育土壤、固碳释氧、林木积累营养物质、净化大气环境与生物多样性保护等6项生态服务功能进行了系统评估，评估结果科学量化了我国森林生态系统的多种功能和效益，这标志着我国森林生态服务功能监测和评价迈出了实质性步伐。

　　需要指出的是，该评估也是中国森林生态系统定位研究网的定位观测成果首次被量化和公开发表。对森林多功能价值进行量化在中国早已不是一件难事，但在全国尺度上实现多功能价值量化却是国际上的一大尖端难题，这也是世界上只有美国、日本等少数国家才能做到定期公布国家森林生态价值的原因所在。

　　中国森林生态系统定位研究起步于20世纪50年代末，形成初具规模的生态站网布局是在1998年。国家林业局科学技术司于2003年正式组建了中国森林生态系统定位研究网络（CFERN）。经过多年建设，目前，中国森林生态系统定位研究网络已发展成为横跨30个纬度、代表不同气候带的35个森林生态站网，基本覆盖了我国主要典型生态区，涵盖了我国从寒温带到热带、湿润地区到极端干旱地区的最为完整和连续的植被和土壤地理地带系列，形成了由北向南以热量驱动和由东向西以水分驱动的生态梯度的大型生态学研究网络。其布局与国家生态建设的决策尺度相适应，基本满足了观测长江、黄河、雅鲁藏布江、松花江（嫩江）等流域森林生态系统动态变化和研究森林生态系统与环境因子间响应规律的需要。

　　中国森林生态系统定位研究网络的研究任务是对我国森林生态系统服务功能的各项指标进行长期连续观测研究，揭示中国森林生态系统的组成、结构、功能以及与气候环境变化之间相互反馈的内在机理。

在长期建设与发展过程中，中国森林生态系统定位研究网络在观测、研究、管理、标准化、数据共享等方面均取得了重要进展，目前已成为集科学试验与研究、野外观测、科普宣传于一体的大型野外科学基地与平台，承担着生态工程效益监测、重大科学问题研究等任务，并取得了一大批有价值的研究成果。此次中国森林生态服务功能评估，中国森林生态系统定位研究网络提供大量定位站点观测数据发挥了重要的作用。

　　基于全国森林资源清查数据和中国森林生态系统定位研究网络的定位观测数据，科学评估中国森林生态系统物质量和价值量，是森林资源清查理论和实践上的一次新的尝试和重要突破。这一成果是在今年首次对外发布的，有助于全面认识和评估我国森林资源整体功能价值，有力地促进我国林业经营管理的理论和实践由以木材生产为主转向森林生态多功能全面经营的科学发展道路。

　　虽然，大尺度森林生态服务功能评估在模型建立、指标体系构建和数据耦合方法等方面尚存在理论探索空间，客观科学评估多项生态功能还有许多工作要做，但在《中国森林生态服务功能评估》的基础上，客观、动态、科学地评估森林生态服务功能的物质量和价值量，对于加深人们的环境意识，加强林业建设在国民经济中的主导地位，促进林业生态建设工作，应对国际谈判，提高森林经营管理水平，加快将环境纳入国民经济核算体系及正确处理社会经济发展与生态环境保护之间的关系具有重要的现实意义。

摘自：《科技日报》2010年6月8日第5版

一项开创性的里程碑式研究

——探寻中国森林生态系统服务功能研究足迹

导　读

生态和环境问题已经成为阻碍当今经济社会发展的瓶颈。作为陆地生态系统主体的森林，在给人类带来经济效益的同时，创造了巨大的生态效益，并且直接影响着人类的福祉。

在全球森林面积锐减的情况下，中国却保持着森林面积持续增长的态势，并成为全球森林资源增长最快的国家，这种增长主要体现在森林面积和蓄积量的"双增长"。

森林究竟给人类带来了那些生态效益？这些生态效益又是如何为人类服务的？如何做到定性与定量相结合的评价？林业研究者历时4年多，在全国31个省（区、市）林业、气象、环境等相关领域及部门的配合下，近200人参与完成了中国森林生态系统服务功能价值测算，对森林的涵养水源、保育土壤、固碳释氧、积累营养物质、净化大气环境和生物多样性保护共6项生态系统服务功能进行了定量评价。此项研究成果，不仅真实地反映了林业的地位与作用、林业的发展与成就，更为整个社会在发展与保护之间寻求平衡点、建立生态效益补偿机制提供了科学依据。"中国森林生态系统服务功能研究"成果自发布以来，备受国内外学术界关注。

十八大报告中指出，加强生态文明制度建设，要把资源消耗、环境损害、生态效益纳入经济社会发展评价体系，建立体现生态文明要求的目标体系、考核办法、奖惩机制。其中，对生态效益的评价，指的就是对生态系统服务功能的评价。

林业研究者历时4年多从事的森林生态系统服务功能研究，不但让人们直观地认识到森林给人类带来的生态效益的大小，而且从更高层面上讲，推动了绿色GDP核算，推进了经济社会发展评价体系的完善。在中国，这项研究被称为里程碑式的研究。

这项研究由中国林科院森林生态环境与保护研究所首席专家王兵研究员牵头完成。这项成果主要在江西大岗山森林生态站这个研究平台上孕育孵化而来，并在全体中国森林生态系统定位研究络 (CFERN) 工作人员的齐心协力下共同完成的。

这项研究的意义远不止如此。

　　日前，中国研究者关于《中国森林生态系统服务功能评估的特点与内涵》的论文发表在美国《生态复杂性》期刊上。业内人士普遍认为，这对中国乃至全球生态系统服务功能研究均具有重要的借鉴意义。

　　在系统研究森林生态系统服务功能方面，同样具有借鉴和指导意义的还有已经出版发行的《中国森林生态服务功能评估》、《中国森林生态系统服务功能研究》。此外，这方面的中文文章也发表甚多，其中《中国经济林生态系统服务价值评估》一文发表在60种生物学类期刊中排名第二位的《应用生态学报》上，文章获得了被引频30次 (CNKI)、排名第九的殊荣。

　　中国森林生态系统服务功能研究到底是一项怎样的研究，为何受到国内外学者的广泛关注？让我们跟随林业研究者的足迹，详实了解其研究过程以及取得的研究成果，通过这笔科学财富达到真正认识森林生态系统、保护森林生态系统的目的。

以指标体系为基础

　　指标体系的构建是评估工作的基础和前提。随着人类对生态系统服务功能不可替代性认识的不断深入，生态系统服务功能的研究逐步受到人们的重视。

　　根据联合国千年生态系统评估指标体系选取的"可测度、可描述、可计量"准则，国家林业局和中国林科院未雨绸缪，在开展森林生态系统服务功能研究之前，就已形成了全国林业系统的行业标准，这就是《森林生态系统服务功能评估规范》(LY/T 1721-2008)。这个标准所涉及的森林生态系统服务功能评估指标内涵、外延清楚明确，计算公式表达准确。一套科学、合理、具有可操作性的评估指标体系应运而生。

　　以数据来源为依托

　　俗话说"巧妇难为无米之炊"，没有详实可靠的数据，评估工作就无法开展。这项评估工作采用的数据源主要来自森林资源数据、生态参数、社会公共数据。

　　森林资源数据主要来源于第七次全国森林资源清查，从2004年开始，到2008年结束，历时5年。这次清查参与技术人员两万余人，采用国际公认的"森林资源连续清查"方法，以数理统计抽样调查为理论基础，以省 (区、市) 为单位进行调查。全国共实测固定样地41.50万个，判读遥感样地284.44万个，获取清查数据1.6亿组。

　　生态参数来源于全国范围内50个森林生态站长期连续定位观测的数据集，目前生态站已经发展到75个。这项数据集的获取主要是依照中华人民共和国林业行业标准LY/T 1606-2003森林生态系统定位观测指标体系进行观测与分析而获得的。

　　社会公共数据来源于我国权威机构所公布的数据。

以评估方法为支撑

运用正确的方法评价森林生态系统服务功能的价值尤为重要，因为它是如何更好地管理森林生态系统的前提。

如果说20世纪的林业面对的是简单化系统、生产木材及在林分水平的管理，那么21世纪的林业可以认为是理解和管理森林的复杂性、提供不同种类的生态产品和服务、在景观尺度进行的管理。同样是森林，由于其生长环境、林分类型、林龄结构等不同，造成了其发挥的森林生态系统服务功能也有所不同。因此，研究者在评估的过程中采用了分布式测算方法。

这是一种把一项整体复杂的问题分割成相对独立的单元进行测算，然后再综合起来的科学测算方法。这种方法主要将全国范围内、除港澳台地区的31个省级行政区作为一级测算单元，并将每一个一级测算单元划分为49个不同优势树种林分类型作为二级测算单元，按照不同林龄又可将二级测算单元划分为幼龄林、中龄林、近熟林、成熟林和过熟林5个三级测算单元，最终确立7020个评估测算单元。与其他国家尺度及全球尺度的生态效益评估相比，中国在这方面采用如此系统的评估方法尚属首次。

以服务人类为目标

生态系统服务功能与人类福祉密切相关。中国林科院的研究人员通过4年多的努力，终于摸清了"家底"，首次认识到中国森林所带给人类的生态效益。如果将这些研究出来的数字生硬地摆在大众面前，很难让人们认识到森林的巨大作用。

聪明的研究人员将这些数字形象化的对比分析后，人们顿时茅塞顿开。2010年召开的中国森林生态服务评估研究成果发布会上，公布了中国森林生态系统服务功能的6项总价值为每年10万亿元，大体上相当于目前我国GDP总量30万亿元的1/3。其中，年涵养水源量为4947.66亿立方米，相当于12个三峡水库2009年蓄水至175米水位后库容量；年固土量达到70.35亿吨，相当于全国每平方公里土地减少730吨土壤流失，如按土层深度40厘米计算，每年森林可减少土地损失351.75万公顷；森林年保肥量为3.64亿吨，如按含氮量14%计算，折合氮肥26亿吨；年固碳量为3.59亿吨，相当于吸收工业二氧化碳排放量的52%。

如此形象的对比描述，呼唤着人们生态意识的不断觉醒。当前，为摸清"家底"，全国有一半以上的省份开展了森林生态系统服务功能的评估工作。有些省份，如河南、辽宁、广东，甚至连续几次开展了全省的动态评估工作。

这项工作不仅仅是为了评估而评估，初衷在于进一步推进生态效益补偿由政策性补偿向基于生态功能评估的森林生态效益定量化补偿的转变。当前的生态效益补偿绝大多数都是为了补偿而补偿，属于政策性的、行政化的、自组织的补偿，并没有从根本上调节利益受益者和受损者的平衡。而现在借助于某一块林地的生态效益进行补偿，可以实现利用、维护和改善森林生态系统服务过程中外部效应的内部化。

对于这项研究工作的前期积累，国家林业局 50 个森林生态系统定位观测研究站的工作人员，不管风吹日晒，年复一年的在野外开展监测工作，甚至冒着生命的危险。在东北地区，有一种叫做"蜱虫"的动物，它将头埋进人体的皮肤内吸血，严重者会造成死亡。在南方，类似的动物叫做"蚂蟥"，同样会钻进人体的皮肤吸血。在这样危险的条件下，每一个林业工作者都不负重任、尽职尽责，完成了监测任务，为评估工作的开展奠定了坚实基础。

以经济、社会、生态效益相协调发展为宗旨

林业研究者认为，我们破坏森林，是因为我们把它看成是以一种属于我们的物品；当我们把森林看成是一个我们隶属于它的共同体时，我们可能就会带着热爱与尊敬来使用它。

传承着"天人合一""道法自然"的哲学理念，融合着现代文明成果与时代精神，凝聚着中华儿女的生活诉求，研究者们用了近两年的时间，对森林生态系统服务功能评估的特点及内涵等开展了深入分析和研究，对其与经济、社会等相关关系进行了尝试性的探索。

生态效益无处不在，无时不有。通过生态区位商系数，进一步说明了人类从森林中获得多少生态效益，获得什么样的森林生态效益，获得的森林生态系统服务功能是优势功能还是弱势功能。这与各省、各林分类型所处的自然条件和社会经济条件有直接关系。林业研究者预测，在当前的国情和林情下，森林生态将会保持稳步增加的趋势，原因在于当前不断加强人工造林，导致幼龄林占有较大比重，其潜在功能巨大。

那么，生态效益与经济、社会等究竟如何协调发展？为了将森林生态系统服务功能评估结果应用于实践中，科研人员尝试性地选用恩格尔系数和政府支付意愿指数来进一步说明它们之间的关系，研究了生态效益与 GDP 的耦合关系等。

恩格尔系数反映了不同的社会发展阶段人们对森林生态系统服务功能价值的不同认识、重视程度和为其进行支付的意愿是不同的，它是随着经济社会发展水平和人民生活水平的不断提高而发展的。从另一方面也说明了森林与人类福祉的关系。

政府支付意愿指数从根本上反映了政府对森林生态效益的重视程度及态度，进一步明确政府对森林生态效益现实支付额度与理想支付额度的差距。这也从侧面反映了经济、社会、生态效益相协调发展的宗旨。

以生态文明建设为导向

森林对人们的生态意识、文明观念和道德情操起到了潜移默化的作用。从某种意义讲，人类的文明进步是与森林、林业的发展相伴相生的。森林孕育了人类，也孕育了人类文明，并成为人类文明发展的重要内容和标志。因此可以说，森林是生态文明建设的主体，森林

的生态效益又是生态文明建设的最主要内容。通过森林生态效益的研究，凸显中华民族的资源优势，彰显生态文明的时代内涵，力争实现人与自然和谐相处。

结语

森林生态系统功能与森林生态系统服务的转化率的研究是目前生态系统服务评估的一个薄弱环节。目前的生态系统服务评估还停留在生态系统服务功能评估阶段，还远远不能实现真正的生态系统服务评估。

究其原因，就是以目前的森林生态学的发展水平还不能提供对森林生态系统服务功能转化率的全方位支持，也就是我们不知道森林生态系统提供的生态功能有多大比例转变成生态系统服务，这也是以后森林生态系统服务评估研究的一个迫切需要解决的问题。

院士心语

当前，我国正处在工业化的关键时期，经济持续增长对环境、资源造成很大压力。在这些严重的生态危机面前，人类已经开始警醒，深刻认识到森林的重要地位和关键作用，并开始采取行动，促进发展与保护的统一，追求经济、社会、生态、文化的协同发展。如何客观、动态、科学地评估森林的生态服务功能，解决好生产发展与生态建设保护的关系，显得尤为重要。这对于加深人们的环境意识，促进加强林业建设在国民经济中的主导地位，提高森林经营管理水平，加快将环境纳入国民经济核算体系及正确处理社会经济发展与生态环境保护之间的关系，以及客观反映我国森林对全球气候变化的贡献，都具有重要意义。

——中国工程院院士　李文华

概念解析

（1）生态系统服务。从古至今，许多科学家提出了生态系统服务的概念，有些定义侧重于表达生态系统服务的提供者，而有些概念侧重于阐明受益者。通过对比科学家们提供的概念，中国林科院专家认为，生态系统服务是指生态系统中可以直接或间接地为人类提供的各种惠益。

（2）生态系统功能。生态系统功能是指生态系统的自然过程和组分直接或间接地提供产品和服务的能力。它包括生态系统服务功能和非生态系统服务功能两大类。

生态系统服务功能维持了地球生命支持系统，主要包括涵养水源、改良土壤、防止水土流失、减轻自然灾害、调节气候、净化大气环境、孕育和保存生物多样性等功能，以及具有医疗保健、旅游休憩、陶冶情操等社会功能。这一部分功能可以为人类提供各种服务，因此被称为生态系统服务功能。

非生态系统服务功能是指本身存在于生态系统中，而对人类不产生服务或抑制生态系统服务产生的一些功能。它随着生态系统所处的位置不同而发挥不同的作用，有些功能甚至是有害于人类健康的。例如木麻黄属、枫香属等树木，在生长过程中会释放出一些污染大气的有机物质，如异戊二烯、单萜类和其他易挥发性有机物 (VOC)，这些有机物质会导致臭氧和一氧化碳的生成。这样的生态系统功能不但不会为人类提供各种服务，还会影响到人类的健康，因此被称之为非生态系统服务功能。

摘自：《中国绿色时报》2013 年 2 月 4 日 A3 版

附件2 宁夏贺兰山国家级自然保护区简介

贺兰山国家级自然保护区地处蒙古高原、黄土高原与青藏高原的交界地带，地跨温带草原与荒漠两大植被区域的交接处，是腾格里沙漠、毛乌素沙地、乌兰布和沙漠的分界线，成为我国风沙干旱森林生态系统的典型代表地带。贺兰山由北至南犹如一堵天然巨壁，阻隔了腾格里沙漠的东侵，使黄河在宁夏平原得以流畅，使蒙古冷高气压受截，又赖以茂密的山地森林植被，阻沙固土，涵养水源，调节气候，对宁夏平原的工农业生产和人民生活发挥着重大的生态作用。

地理位置

宁夏贺兰山国家级自然保护区位于宁夏西北部，贺兰山山脉东坡的北段和中段，地跨银川市永宁县、西夏区、贺兰县，石嘴山市平罗县、大武口区、惠农区，北起麻黄沟，南至三关口，西到分水岭，东至沿山脚下。地理坐标为东经105°49′～106°41′，北纬38°19′～39°22′。南北长约175千米，东西宽20～40千米，面积1935.36平方千米。保护区中部峰峦重叠，沟谷狭窄，地形险要，两端坡缓而干旱，海拔一般为2000～3000米，主峰俄博疙瘩位于主分水岭西侧，海拔3556.1米。

地形地貌

贺兰山地貌总体上呈东仰西倾的态势，分水岭偏于山体东侧，其顶面较为平坦，两坡斜面不对称。西坡长而缓、沟谷较小，最大相对高差 1556 米。山前以下的洪积台地颇为醒目，台地之外是洪积倾斜平原，继之则为沙漠。形成山地—台地—洪积倾斜平原 - 沙漠的过渡模式。东坡则短而陡，沟谷幽深，最大相对高差达 2056 米。呈巍峨之山势、陡峻之山坡；断崖壁立、峭石嶙峋的壮观景象。然后，急转而下，达于平地。紧接是由巨厚的为大块漂砾所构成的洪积扇、洪积裙，呈花边样的整齐美观地系于贺兰山前，从而形成山地与平原的直接过渡。

习惯上把贺兰山分作南、中、北三段，三关口以南为南段，三关口至大武口间为中段，大武口以北为北段。由于岩石性质的差异和内、外应力作用的不同，致使贺兰山北、中段地貌形态上存在着显著差异、各具特点。北段东坡山体最宽处约 21 千米，海拔不超过 2000 米。主要由太古代各类变质岩构成，其边缘见少许寒武纪、石炭纪地层分布。由于岩石较为松软，物理风化极为强烈，多形成浑圆的山体和球状风化之地貌形态。中段则是贺兰山的主体部分，构成贺兰山坚厚的胸膛和高昂的头部，这也是贺兰山自然保护的主体地段。其海拔大都高逾 2000 米，最高峰俄博疙瘩（主峰）3556.1 米即在此段中部略偏南处。中段东坡南窄北宽，最宽处达 21 千米。以苏峪口为界，向南宽度不足 14 千米，山势较缓；向北则山体较宽，至汝箕沟一带，宽逾 20 千米。主要由元古代、古生代及中生代地层构成。岩层巨厚而坚硬，形成庞大而雄浑的山体、陡峻的山峰、层峦叠嶂、峭岩危耸、深沟峡谷、

峰谷并存的地貌景观。在海拔 2000 米上下，有一夷平面，呈现出一段相对平缓的山坡，出现小型山间洼地或山间台地。山坡上风化物较厚，乃至呈现小型山间积水洼地。

气象、水文

贺兰山深居内陆，具有典型的大陆性气候特征，是中国季风气候和非季风气候的分界线。全年干旱少雨，寒暑变化强烈，日照强，无霜期短。因其海拔高，又具有山地气候的特点，垂直分布明显。贺兰山南北段基带的年平均温度差别不大，但从基带向高山则表现出明显的递减，由下部的 8.5 ℃ 降至 2900 米的 -0.8 ℃，平均每升高 100 米，温度下降 0.62 ℃。由贺兰山气象站 1961 ~ 1990 年 30 年平均气象观测资料可知，贺兰山区年平均气温为 -0.7 ℃，最冷月 1 月平均气温为 -13.9 ℃，极端最低气温为 -32.6 ℃，出现在 1988 年 1 月 22 日；最热月 7 月平均气温为 12.1℃，极端最高气温为 25.4 ℃，出现在 1974 年 6 月 16 日。平均全年降水量为 418.1 毫米，主要集中在 6 ~ 9 月，占年降水量的 62%。该地年及春季大风沙尘天气较多，年平均沙尘暴日数为 2.2 天，大风天气日数多达 157.7 天，全年主导风向为西北偏西风，出现频率为 29%，一年中冬、春、秋三季均以西北偏西风为主，出现频率在 19% ~ 43% 之间，夏季以东南偏东风为主，出现频率在 18% ~ 20% 之间。主要的气象灾害有干旱、冰雹、暴雨、洪涝、大风、沙尘暴、霜冻等。

贺兰山的降水量具有明显的垂直分布现象，平均海拔每上升 100 米，降水量增加 13.2 毫米。年平均降水量在 200 ~ 400 毫米之间，年内降水量分配极不均匀，全年降水量主要集中在 7 ~ 9 月份，占全年降水量的 60%。年蒸发量在 2000 毫米以上，由于与年降水量的差值巨大，因而空气干燥。

　　贺兰山的水文跨及过渡带、干旱严重、干旱三个水文带，水资源比较贫乏，整个东坡的径流为 7120 万立方米，年径流系数为 0.12～0.15，径流深度的平均值仅 22.4 毫米，有限的地表水资源在区内的分配也不均匀。在 7120 万立方米的地表径流中常流水占 40.5%，其平均径流深度 10.8 毫米。有大小沟道 67 条，多数沟道为季节性河流，植被较好的沟道常流水径流深可达 20 毫米。流域面积大于 50 平方千米的沟道有 13 条，大武口沟是贺兰山区最大的河流，流域面积 574 平方千米。沿山的所有沟道出口海拔高程 1300 米以上，受地形地貌及气候影响，沟道水流具有暴涨暴落特性。大气降水除部分以地表径流流出山区外，还有部分补给了基岩的地下水，赋存于风化裂隙带内或渗入层状裂隙带。中段上游地区，山地高寒，降水多而蒸发相对低，又有基岩裂隙水补给，常流水丰富，形成大小不等的许多跌水、小瀑布奔流下泻。植被稀疏的汝箕沟、大武口沟一带，地表径流深度大于中段，但常流水的径流深度却小于中段，仅为中段的 69% 和 38%。保护区内大多数沟道（特别是在中段），水质很好，pH 值 7.5 左右，矿化度不高，为轻度软水或适度硬水，适宜饮用。

动、植物资源

　　保护区独特的地理位置，复杂的地形组合，垂直分布明显的气候、土壤等自然因素，

使保护区内保存着比较丰富的珍稀、濒危动、植物物种，具有很强的特有性、典型性和珍稀性，具有重要的生态区位和特殊的保护价值，同时，贺兰山保护区复杂的生物多样性及其所处地理位置的独特性，对于研究半干旱地区植被发展、演替及恢复生态系统的良性循环有重要价值。

宁夏贺兰山国家级自然保护区分布有脊椎动物 5 纲 24 目 56 科 139 属 218 种，其中鱼纲 1 目 2 科 2 属 2 种，两栖纲 1 目 2 科 2 属 3 种，爬行纲 2 目 6 科 9 属 14 种，鸟纲 14 目 31 科 81 属 143 种，哺乳纲 6 目 15 科 45 属 56 种。已鉴定出昆虫有 1025 种，隶属 18 目 165 科 700 属，其中有宁夏新记录 280 种。优势目是鞘翅目、鳞翅目、半翅目、双翅目和直翅目，5 个目的科数占总科数的 62.4%，鞘翅目、半翅目、双翅目的种数占总种数 74.5%。

马鹿

北红尾鸲

金雕

赤狐

宁夏贺兰山国家级自然保护区目前记录到野生维管植物 84 科 329 属 647 种 17 个变种。其中蕨类植物 10 科 10 属 16 种；裸子植物 3 科 5 属 7 种；被子植物 71 科 314 属 624 种 17 个变种。被子植物中有双子叶植物 61 科 248 属 476 种 17 个变种；单子叶植物 10 科 66

四合木

花叶海棠

文冠果

羽叶丁香

属 148 种。维管植物种类以菊科（Compositae）和禾本科（Gramineae）最多，其次是豆科（Fabaceae）、蔷薇科（Rosaceae）、藜科（Chenopodiaceae）、毛茛科（Ranunculaceae）、莎草科（Cyperaceae）、十字花科（Cruciferae）、石竹科（Caryophyllacea）、百合科（Liliaceae）。前 20 科共有 234 属 489 种，占全部属的 71.1%，全部种的 77.1%；其余 64 科仅 95 属 148 种。此外，贺兰山还分布有苔藓植物 30 科 81 属 204 种（包括种以下单位，下同），贺兰山东坡共有 26 科 65 属 142 种，西坡共有 27 科 67 属 162 种，其中苔类 7 科 9 属 11 种，藓类植物 23 科 72 属 193 种；大型真菌 259 种，隶属于 16 目 32 科 81 属。

旅游资源

宁夏贺兰山国家级自然保护区以风景清幽而出名，风景名胜区自然、人文景观融为一体，有贺兰山国家森林公园、滚钟口、拜寺口双塔、贺兰山岩画及山麓明代长城、西夏王陵等著名的文化遗迹，点缀青山绿水，恰如锦上添花。宁夏贺兰山国家森林公园以森林山水为依托，以历史古迹为重点，以野外探险为特色，融观光旅游、宗教文化、养生度假为一体。保护区中段山体高大，海拔多在 2000 ～ 3500 米，峰峦叠嶂、沟谷深邃、植被茂密。尤其夏秋季节，山花烂漫，姹紫嫣红，特有的白樱桃尤为珍贵。在海拔 2000 米以上的阴坡上有成片的油松林、云杉林，杂有山杨、杜松、白桦、山柳傲然挺立。夜宿山中，"万壑松涛"犹如钱塘怒潮汹涌澎湃，秋初至仲春，"贺兰晴雪"也是塞上古今奇景。

宁夏贺兰山国家级自然保护区变迁

宁夏贺兰山国家级自然保护区是宁夏三大水源涵养林区之一，是我国干旱山地森林生态系统的典型代表，早在 1950 年，宁夏人民政府便通令贺兰山、罗山天然林保育暂行办法，提出禁牧、禁伐、禁猎；1956 年全国第一届人大通过竺可桢、陈焕镛等科学家的提案，在全国划定了 315 个自然保护区，贺兰山便名列其中；1982 年，宁夏人大第四次会议将贺兰山划定为区级自然保护区；1988 年，国务院批准贺兰山为国家级森林和野生动物类型保护区，贺兰山的自然环境和资源保护工作步入依法保护和快速发展阶段。1995 年宁夏贺兰山国家级自然保护区加入了中国人与生物圈保护区网络。为了更好地保护贺兰山，充分发挥其整体生态效益，2003 年 8 月经国务院批准，宁夏贺兰山国家级自然保护区进行了面积调整，将贺兰山北段也划入了保护区范围，保护区面积扩大为 2062.66 平方千米。2011 年，国务院批准了宁夏贺兰山国家级自然保护区界限调整方案，调整后的面积为 1935.36 平方千米。

合作研究

宁夏贺兰山国家级自然保护区在自主开展一些基础研究的同时，也与区内外各大院校、科研机构合作开展了贺兰山珍稀、濒危、特有植物的驯化研究。1998 年至 2003 年与西北濒危动物研究所联合开展的岩羊种群动态及保护对策研究，获得 2004 年自治区科技进步三等奖；自 2004 年以来，一直与华东师范大学生命科学院合作进行岩羊专项研究，共列 7 个研究专题。为野生动物设野外投食点、投盐、饮水点 20 处，野生动物疫源疫病和病情预报点 4 处。2013 年获批国家林业局野生动植物保护项目花叶海棠和黑鹳 2 个。多年来一直配合东北林业大学等高校科研院所进行保护区脊椎动物、昆虫、植物等的相关调查研究，编写出版《宁夏贺兰山国家级自然保护区综合科学考察》《贺兰山脊椎动物》《宁夏贺兰山森林资源》《贺兰山植物志》等 8 本专著。

附件 3　宁夏贺兰山国家级自然保护区植物名录（乔木、灌木部分）

被子植物门 ANGIOSPERMAE

一、杨柳科 Salicaceae

（一）杨属 *Populus* L.

1．青杨 *Populus cathayana* Rehd.

中生夏绿阔叶乔木。生海拔 1900~2400 米的山地沟谷杂木林中。见大水沟桦树泉、汝箕沟。

2．山杨 *Populus davidiana* Dode

中生夏绿阔乔木。生海拔 1500~2600 米地沟谷、阴坡、半阴坡，单独成林或与油松、云杉混交成林。是贺兰山最常见的阔叶树种，中部各沟均有分布。

（二）柳属 *Salix* L.

3．乌柳 *Salix cheilophila* Schneid.

湿中生灌木。生海拔 2000~2300 米沟谷、溪边。见插旗沟。

4．高山柳 *Salix oritrepha* Schneid.

寒温型中生灌木。生海拔 2800~3300 米亚高山地带，单独或与鬼箭锦鸡儿形成高寒灌丛。也进入云杉林下成为下木。见 2800 米以上的山坡、山脊平缓处。

4a. 青山生柳 *Salix orityepha* Schneid. var. *amnematchinensis*（Hao）C. Wang et C. F. Fang —— *S. cupularis* Rthd. var. *acutifolia* S. O. Zhou

寒温型中生灌木。常与山生柳混生，分布与生境亦同。该变种与正种区别为叶椭圆状卵形或椭圆状披针形。即叶较长先端具尖。

5．狭叶柳 *Salix melea* Schneid.

中生灌木。生海拔 2800~3000 米亚高山沟谷灌丛中。见中段山脊附近。

6．小红柳 *Salix microstachya* Turcz.

湿中生灌木。生海拔 2000~2400 米沟谷溪边湿地。见苏峪口、插旗沟。

7．密齿柳 *Salix characta* Chneid.

中生灌木。生海拔 1600~2600 米山地沟谷、林缘和林下。见苏峪沟、黄旗沟、插旗沟。

8．中国黄花柳 *Salix sinica*（Hao）Wang et C. F. Fang

中生灌木或小乔木。生海拔 2000～2500 米沟谷及林缘。见苏峪沟、黄旗沟、插旗沟。

9．崖柳 *Salix xerophila* Floid.

中生小乔木或灌木。生 1400～2500 米沟谷及湿润山坡。见苏峪沟、小口子、大水沟。

10. 皂柳 *Salix xerophila* Anderss.

中生植物。生海拔 2000～2200 米山地沟谷，林缘及林下，零星小片出现。产苏峪口、黄旗口、插旗口。

二、桦木科 Betulaceae

（一）桦属 *Betula* L.

1．白桦 *Betula platyphylla* Suk.

中生夏绿小乔木。生海拔 1800～2300 米山阴坡或沟谷、混生于杂木林或灌丛中。零星分布，不能成林。见苏峪口沟、小口子、黄旗沟。

（二）虎榛子属 *Ostryopsis* Decne.

2．虎榛子 *Ostryopsis davidiana* Decne.

中生灌木。生海拔 1800～2500 米山地阴坡、半阴坡、单独或与其他灌木形成灌丛。为中山带中生灌丛的建群种之一。见苏峪口樱桃沟、黄旗沟、小口子、大水沟。

三、榆科 Ulmaceae

（一）朴属 *Celtis* L.

1．小叶朴 *Celtis bungeana* Bl.

喜暖中生乔木。生海拔 1300～1700 米山地干燥阳坡岩缝中。多单株或数株生长在一起。仅见黄旗沟、插旗沟、苏峪口沟、贺兰沟、插旗沟。

（二）榆属 *Ulmus* L.

2．灰榆 *Ulmus glaucescens* Franch.

旱生小乔木。生海拔 1300～2800 米干燥石质阳坡或沟谷，干河床或能形成疏林。为贺兰山夏绿阔叶树种中分布最广的一种。见各山体。

2a. 毛果灰榆 *Ulmus glaucescens* Franch. var. *lasiocarpa* Rehd.

旱生小乔木。生境分布与灰榆同。散见于灰榆中。

四、桑科 Moraceae

（一）桑属 *Morus* L.

1．蒙桑 *Morus mongolica* Schneid.

旱生性较强的中生乔木。生海拔 1200～1500 米干燥石质阳坡崖壁上。单株或数株生长一起。仅见黄旗沟、插旗沟。

五、蓼科 Polygonaceae

（一）木蓼属 *Atraphaxis* L.

1．锐技木蓼 *Atraphaxis pungens*（M. B.）Jaub. et Spach.

旱生矮灌木。生北部荒漠化较强的石质山石。仅见山地北部。

六、藜科 Chenopodiaceae

（一）假木贼属 *Anabasis* L.

1．短叶假木贼 *Anabasis brevifolia* C. A. Mey.

超旱生小半灌木。生北部和山前石质，碎石质山丘。见石炭井。

（二）驼绒藜属 *Krascheninnikovia* Gueldenst.

2．驼绒藜 *Krascheninnikovia ceratoides* (L.) Gueldenst

旱生半灌木。生海拔 1700～2000 米的山坡阳坡与半阳坡。见苏峪口、甘沟。

（三）盐爪爪属 *Kalidium* Moq.

3．尖叶盐爪爪 *Kalidium cuspidatum*（Ung.—Sternb.）Grub.

盐生半灌木。生峪山麓盐碱洼地、水库、涝坝附近。见石炭井。

4．细枝盐爪爪 *Kalidium gracile* Fenzl

盐生半灌。生山谷、山麓盐碱洼地。见石炭井。

（四）猪毛菜属 *Salsola* L.

5．松叶猪毛菜 *Salsola laricifolia* Turcz.

超旱生矮灌木。生山地浅山丘和北部荒漠较强的石质低山丘陵，单独或与蒙古扁桃共同组成群落。习见，北部集中。

6．珍珠猪毛菜 *Salsola passerina* Bunge

超旱生的半灌木。有时呈小半灌木状。生山前土质山麓和浅山峪中，为贺兰山草原化荒漠的主要建群种，也进入荒漠草原中。零星分布。

（五）合头藜属 *Sympegma* Bunge

7．合头藜 *Sympegma regelii* Bunge

超旱生半灌木。生北部荒漠化较强的石质低山陵上。石炭井以北习见。

七、毛茛科 Ranunculaceae

（一）铁线莲属 *Clematis* L.

1．灌木铁线莲 *Clematis fruticlsa* Turcz.

中旱生灌木。生海拔 1200～2000 米山地半阳坡、半阴坡，有叶能成为建群植物。见汝箕沟、龟头沟、大水沟、甘沟等沟。

2．长瓣铁线莲 *Clematis macropetala* Ledeb.

中生多年生木质藤本。生海拔 1400～2600 米山地沟谷灌丛、林缘、林中。见苏峪沟、黄旗沟、贺兰沟、大水沟、插旗沟等。

2a. 白花长瓣铁线莲 *Clematis macropetala* Ledeb. var. *albflora*（Maxim.）Hand.—Mazz.

中生多年生木质藤本。生海拔 2000～2300 米山地林下或林缘，苏峪沟、黄旗沟、贺兰沟有少量分布。

3．唐古特铁线莲 *Clematis tangutica*（Maxim.）Korsh.

中生多年生木质藤本。生海拔 1200～2600 米河滩砾石堆及山脚下。见苏峪沟。

八、小檗科 Berberidaceae

（一）小檗属 *Berberis* L.

1．鄂尔多斯小檗 *Berberis caroli* Schneid.

旱中生灌木。生海拔 1300～2000 米浅山区和宽阔山谷的沟谷和山坡。甘沟等沟有少量分布。

2．置疑小檗 *Berberis dubia* Schneid.

中生灌木。生海拔 1500～2600 米山地沟谷、半阴坡、阴坡，与其他中生灌木组成灌丛。见苏峪口、黄旗沟、插旗沟等。

3．细叶小檗 *Berberis poiretii* Schneid.

旱生灌木。生浅山区宽谷河溪边或山坡。见苏峪口。

4．刺叶小檗 *Berberis sibirica* Pall.

旱中生灌木。生海拔 1600～2000 米山地半阳、半阴坡级沟谷中。见苏峪沟、黄旗沟、甘沟、汝箕沟。

九、虎耳草科 Saxifragaceae

（一）茶藨子属 *Ribes* L.

1．糖茶藨子 *Ribes emodense* Rehd.

中生灌木。生海拔 2000～2700 米山地云杉林林缘、林下及沟谷灌丛中。见苏峪沟、黄沟、插旗沟、贺兰沟。

2．小叶茶藨子 *Ribes pulchellum* Turcz.

中生灌木。生海拔 1500～2600 米山地沟谷、丰阴坡，与其他中生灌木组成灌丛。见苏峪沟、黄旗沟、贺兰沟、小口子、镇木沟、甘沟、大水沟、汝箕沟等。

十、蔷薇科 Rosaceae

（一）扁桃属 *Amygdalus* L.

1．蒙古扁桃 *Amygdalus mongolica*（Maxim.）Ricker — *Prunus mongolica* Maxim.

强旱生灌木。生海拔 1300～2300 米石质低山丘陵、山地沟谷、干燥阳坡。南、北两端都有广泛分布。

（二）杏属 *Armeniaca* Mill.

2．山杏 *Armeniaca sibirica*（L.）Lam. — *Prunus sibirica* L.

中生灌木或小乔木。生海拔 1800～2300 米山地较陡的石质山坡、山脊上。见苏峪沟、黄旗沟、小口子、贺兰沟等。

（三）樱属 *Cerasus* Mill.

3．毛樱桃 *Cerasus tomentosa*（Thunb.）Wall. — *Prunus tomentosat* Thunb.

中生灌木。生海拔 1800～2300 米山地较阴温的沟谷。能形成小片的毛樱桃灌丛。见苏峪沟、黄旗沟、插旗沟、镇木关沟、甘沟等。

（四）沼萎陵菜属 *Comarum* L.

4．西北沼委陵菜 *Comarum salesovianum*（Steph.）Asch. et Gr.

中生高大半灌木。生海拔 2100～2300 米山地沟谷砾石地上，局部地方形成灌丛。见大水沟、镇木关沟。

（五）栒子属 *Cotoneaster* B. Ehrhart

5．灰栒子 *Cotoneaster acutifolius* Turca.

旱中生灌木。生海拔 1600～2600 米的山地半阴坡、阴坡和沟谷。见黄旗沟、小口子、

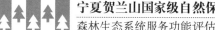

大水沟、甘沟。

6．全缘栒子 *Cotoneaster integerrimus* Medic.

中生灌木。生海拔 2000 米左右沟谷杂木林。见东坡苏峪沟。

7．黑果栒子 *Cotoneaster melanocarpus* Lodd.

中生灌木。生海拔 2000~2600 米山地阴地半阴坡林下、林缘和山谷灌丛中。见苏峪沟、黄旗沟、大水沟、插旗沟等。

8．蒙古栒子 *Cotoneaster mongolicus* Pojark.

中生灌木。生海拔 1500~2500 米山地沟谷灌丛中。见黄旗沟。

9．水栒子 *Cotoneaster multiflorus* Bunge

中生灌木。生海拔 1800~2500 米山地沟谷和阴坡、常阴坡林缘。见插旗沟、黄旗沟等。

10．准噶尔栒子 *Cotoneaster soongoricus*（Regel & Herd.）Popov

旱中生灌林，生海拔 1600~2300 米山地沟谷和山坡。是山地灌丛的重要组成者。见苏峪沟、贺兰沟、大水沟、插旗沟等。

11．毛叶水栒子 *Cotoneaster submultiflorus* Popov

中生灌木。生海拔 2000~2300 米山地沟谷和阴坡石缝中。见苏峪沟、插旗沟、小口子。

12．细枝栒子 *Cotoneaster tenuipes* Rehd & Wils.

中生灌木。生海拔 1600~2000 米山地阴坡、半阴，常与其他中生灌木组成灌丛。见苏峪沟、黄旗沟、插旗沟等。

13．西北栒子 *Cotoneaster zabelii* Schneid.

中生灌木。生海拔 1900~2500 米山地阴坡、半阴地林缘、灌丛中。也进入沟谷。见苏峪沟、贺兰沟、黄旗沟、插旗沟。

（六）山楂属 *Crataegus* L.

14．毛山楂 *Crataegus maximowiczii* Schneid.

中生灌木型小乔木。生海拔 1800 米左右山口。仅见插旗沟口。

（七）金露梅属 *Pentaphylloides* Ducham.

15．华西银露梅 *Pentaphylloides davurica* var. *mandshuraea*（Maxim.）Z. Y. Chu Comb. nov.

耐寒中生灌木。生海拔 2500~2900 米山地阴坡、半阴雨坡和湿润的坡，在裸岩和云杉疏林间常形成灌丛。见苏峪沟、贺兰沟、黄旗沟、小口子。

16. 小叶金露梅 *Pentaphylloides parvifolia*（Fisch.）Juzep.

生态幅度很广的旱中生灌木。生海拔 1500~2900 米山区的砾石质山坡，中山带的山顶石质阳坡、沟谷，亚高山带的各种坡向。是贺兰山分布最广的灌木，单独组成群落或成为灰榆杜松疏林、高寒灌丛的伴生种和优势种。

（八）苹果属 *Malus* Mill

17．花叶海棠 *Malus transitoria* (Batal.) Schneid.

中生灌木。生海拔 2000 米左右山地沟谷，混生于灌丛或杂木林中，少见。见插旗沟。

（九）稠李属 *Padus* Mill.

18．稠李 *Padus racemosa* (Lam.) Gilib. — *Prunus pasus* L.

中生小乔木。生海拔 2000～2200 米山地沟谷。见贺兰沟。

（十）蔷薇属 *Rosa* L.

19．大叶蔷薇 *Rosa acicularis* Lindl.

耐寒中生灌木。生海技 2500～2900 米云杉林下、林缘，为少有的下木。也见沟谷溪边。见苏峪沟、贺兰沟、黄旗沟、小口子。

20．黄刺玫 *Rosa xanthina* Lindi.

中生灌木。生海拔 1600～2500 米山地沟谷、石质山坡（阳坡、半阳坡），单独或与其他灌木形成灌丛。习见。

（十一）悬钩子属 *Rubus* L.

21．库页悬钩子 *Rubus sachalinensis* Leveille

中生果刺灌木。生海拔 2000～2500 米山地沟谷、阴坡山脚下、灌丛、林缘。见苏峪沟、插旗沟。

（十二）绣线菊属 *Spiraea* L.

22．耧斗菜叶绣线菊 *Spiraea aquilegifolia* Pall.

旱中生灌木。生海拔 1500～1900 米浅山尾沟谷、石质山坡。见苏峪沟、插旗沟、甘沟等。

23．蒙古绣线菊 *Spiraea mongolica* Maxim.

旱中生灌木。生海拔 1500～2600 米山地沟谷、坡、半阴坡。与其他灌木一起组成中生灌丛。是贺兰山分布广、最习见的灌木之一。

24．析枝绣线菊 *Spiraea tomentulosa*（Yu）Y. Z. Zhao.

旱生灌木。生海拔 1600～2300 米山地沟谷、石后山坡、山脊。在干旱的石后阳坡进入灰榆疏林下。见苏峪沟、插旗沟、黄旗沟等。

十一、豆科 Leguminosae

（一）沙冬青属 *Ammopiptanthus* Cheng f.

1．沙冬青 *Ammopiptanthus mongolicus* (Maxim.) Cheng f.

强旱生常绿灌木。生北部荒漠化强的石质低山丘陵。也生沙砾质和沙质山麓地带。见汝箕沟以北沟谷。

（二）锦鸡儿属 *Caragana* Fabr.

2．短脚锦鸡儿 *Caragana brachypoda* Pojark.

强旱生矮灌木。生山麓地带覆沙质的草原化荒漠中，常成小片分布。见苏峪沟中。

3．鬼箭锦鸡儿 *Caragana jubata* (Pall.) Poir.

耐寒旱中生灌木。生海拔 2700～3400 米亚高山、高山地带的乱石坡，单独或与高山柳形成高寒灌丛。也进入云彬林下形成下林层，组成云彬—鬼箭锦鸡儿林，成为亚优势种。主峰和山脊两侧均有分布。

4．柠条锦鸡儿 *Caragana korshinskii* Kom.

强旱生灌木。生北部荒漠化较强的低山丘陵覆沙山坡及河床内。仅见北部龟头沟。

5．白毛锦鸡儿 *Caragana licentiana* Hand.—Mazz.

旱生矮灌木。生海拔 1500 米左右浅山区石质山坡。见苏峪口石灰窑附近。

6．甘蒙锦鸡儿 *Caragana opulens* Kom.

喜暖中旱生灌木。生海拔 1700～2100 米，石质、碎石质阳坡。局部地段能形成群落。见苏峪沟、甘沟、黄旗沟等。

7．毛叶甘蒙锦鸡儿 *Caragana opulens* var. *trichophylla* Z. H. Gao et S. C. Zhang

高达 2 米的旱中生灌木。生海拔 2000～2200 米的山地石质阳坡，能形成局部优势，仅见苏峪口磷矿附近。

8．荒漠锦鸡儿 *Caragana roborovskyi* Kom.

强旱生矮灌木。生浅山区、山缘及山麓的冲刷沟、干河床、石质山坡，沿水线常呈条带状分布。习见。

9．狭叶锦鸡儿 *Caragana stenophylla* Pojark.

旱生矮灌木。生 1580～2300 米山地石质山坡、沟谷、灌丛下及石缝中。见苏峪沟、黄旗沟、插旗沟、拜寺沟、大水沟、汝箕沟等。

（三）胡枝子属 *Lespedeza* Michx.

10．多花胡枝子 *Lespedeza floribunda* Bunge

旱中生小半灌木。生海拔 2000 米左右石质山坡。见黄旗沟、小口子、大水沟。

11．达乌里胡枝子 *Lespedeza davurica* (Laxm.) Schindl.

中旱生小半灌木。生海拔 1500～2000 米山地石质山坡，沟谷河滩地及灌丛下。见苏峪沟、大水沟、小口子、插旗沟。

12．牛枝子 *Lespedeza davurica* (Laxm.) Schindl. var. *potaninii* (V. Vassil.) Liou f.

旱生小半灌木。生山麓冲沟。沙砾地及覆沙地。见苏峪沟、黄旗沟、大水沟、龟头沟。

13．尖小叶胡枝子 *Lespedeza hedysaroides* (Pall．) Kitag．

中旱生植物。生山地沟谷灌丛中。仅见东坡小口子。

（四）棘豆属 *Oxytropis* DC.

14．刺叶柄刺豆 *Oxytropis aciphylla* Ledeb.

强旱生矮丛状半灌木。生北部荒漠化较强的石质、伏沙质低山丘陵和沟谷，沿干燥阳坡可上升至海拔 2300 米的山地。山麓极常见的植物。

15．胶黄芪棘豆 *Oxytropis tragacanthoides* Fisch.

旱生矮丛小半灌木。生海拔 1800～2200 米山脊和石质干燥山坡。见汝箕沟。

十二、蒺藜科 Zygophyllaceae

（一）、白刺属 *Nitraria* L.

1．唐古特白刺 *Nitraria tangutorum* Bobr.

旱生灌木。生山麓及北部荒漠化较强的山丘下部覆沙地、干河床、盐碱沙地。见石炭井、龟头沟。

（二）霸王属 *Zygophyllum* L.

2．霸王 *Zygophyllum xanthoxylon* (Bunge) Maxim.

强旱生肉质叶灌木，生北部荒漠化较强的石质低山丘陵。见石质井、汝箕沟、龟头沟。

（三）四合木属 *Tetraena* Maxim.

3．四合木 *Tetraena mongolica* Maxim

强旱生肉质矮灌木。生北部边缘荒漠化较强的石质丘陵及覆沙、沙砾质山麓平原。见落石滩。

十三、芸香科 Rutaceae

（一）拟芸香属 *Haplophyllum* Juss.

1．针枝芸香 *Haplophyllum tragacanthoides* Diels

旱生小半灌木。生海拔 1400～2300 米浅山河山缘地位的低山丘陵，沿干燥石质山坡可上升至 2500 米山脊。在山缘地带能形成局部优势的小群落。见苏峪沟、黄旗沟、甘沟、大水沟、汝箕沟等。

十四、苦木科 Simarubaceae

（一）臭椿属 *Ailanthus* Desf.

1．臭椿 *Ailanthus altissima* (Mill.) Swingle

喜暖中生夏绿阔叶乔木，生山缘石质山坡。沟谷阳坡一侧。见黄旗沟、拜寺沟、小口子。

十五、大戟科 Euphorbiaceae

（一）一叶萩属 *Securinega* Juss.

1．一叶萩（叶底珠）*Securinega suffruticosa* (Pall.)Rehd.

喜暖中生灌木或小乔木。生海拔 1700～1900 米山地沟谷或阳坡灌丛和杂木林中。见黄旗沟、苏峪沟、插旗沟、大水沟等。

十六、卫矛科 Celastraceae

（一）卫矛属 *Euonymus* L.

1．矮卫矛 *Euonymus nanus* Bieb.

中生矮灌木。生海拔 1700～2300 米山坡沟谷、阴坡或林缘林下。见苏峪沟、黄旗沟、小口子等。

十七、槭树科 Aceraceae

（一）槭树属 *Acer* L.

1．细裂槭 *Acer stenolobum* Rehd.

中生夏绿小乔木。生海拔 1700～2000 米山地沟谷、阴坡。杂生于其他灌木、小乔木中。见小口子、黄旗沟、甘沟。

1a. 大细裂槭 *Acer stenolobum* Rehd. var. *megalophyllum* Fang et Wu

同本种。见甘沟、镇木关沟。

1b. 毛细裂沟 *Acer stenolobum* var. *pubescens* W. Z. Di

同本种。见甘沟、镇木关沟。

十八、无患子科 Sapindaceae

（一）文冠果属 *Xanthoceras* Bunge

1．文冠果 *Xanthoceras sorbifolia* Bunge

生态幅度很广的中生小乔木或灌木。生海拔 1500～2000 米沟谷石质阳坡或崖峰中，多零星生长。多见黄旗沟、拜寺沟、大水沟、插旗沟、汝箕沟等。

十九、鼠李科 Rhamnaceae

（一）鼠李属 *Rhamnus* L.

1．柳叶鼠李 *Rhamnus erythroxylon* Pall.

旱中生灌木。生海拔 1600～2100 米山地沟谷或阴坡灌丛中。见甘沟、黄旗沟。

2．毛脉鼠李 *Rhamnus maximowicziana* J.Vass.

旱中生灌木。生海拔 1600～2300 米山地沟谷，阴坡、半阴坡林缘及灌丛中，与其他灌丛一起组成山地中生灌丛，是贺兰山鼠李属分布最多的一种。习见。

3．小叶鼠李 *Rhamnus parvifolia* Bunge

喜暖旱中生灌木。生海拔 1300～1800 米山地沟谷、石质山坡。见苏峪沟、甘沟等。

（二）枣属 *Zizyphus* Mill.

4．酸枣 *Zizyphus jujuba* Mill. Var. *spinosa* (Bunge)Hu ex H.

旱中生多刺灌木。生山麓洪积扇冲沟和宽阔山谷石质阳坡或坡脚下。习见。

二十、葡萄科 Vitaceae

（一）蛇葡萄属 *Ampelopsis* Michx.

1．乌头叶蛇葡萄 *Ampelopsis aconitifolia* Bunge

中生木质藤本。生山口干河床上石砾地或村舍附近，也进入宽阔山谷河流。见插旗沟。

二一、柽柳科 Tamaricaceae

（一）水柏枝属 *Myricaria* Desv.

1．河柏 *Myricaria alopecuroides* Schrenk

旱中生灌木。生海拔 1500～1700 米宽阔山谷河床沙地。见大水沟。

（二）红沙属 *Reaumuria* L.

2．红沙 *Reaumuria soongorica* (Pall.) Maxim.

荒漠旱生矮灌木。生山麓砾石质、沙砾质盐化的冲、洪积扇上。形成草原化荒漠群落。

习见。

　　3．长叶红沙 *Reaumuria trigyna* Maxim.

　　荒漠旱生矮灌木。生北部荒漠化较强的低山丘陵、山前洪积扇、干河床。大武口以北均有分布。

　　（三）柽柳属 *Tamarix* L.

　　4．红柳 *Tamarix ramosissima* Ledeb.

　　盐中生灌木。生山麓盐碱地上，见大武口。

二二、山茱萸科 Cornaceae

（一）梾木属 *Swida* Opiz

　　1．沙梾 *Swida bretschneideri* (L. Henry) Sojak — *Cornus bretschneiaeri* L.

　　中生夏绿灌木。生海拔 1800～1900 米山地沟谷灌丛和杂木林内。见小口子。

二三、木犀科 Oleaceae

（一）丁香属 *Syringa* L.

　　1．紫丁香 *Syringa oblata* Lindl.

　　中生夏绿阔叶灌木或小乔木。生海拔 1550～2300 米山地沟谷和半阴坡上。能形成以宽为主的中生灌丛。见苏峪沟、贺兰沟、小口子、黄旗沟等。

　　2．贺兰山羽叶丁香 *Syringa pinnatifolia* Hemsl. var. *alashanensis* Ma et S. Q. Zhou

　　喜暖中生夏绿灌木。生海拔 1700～2100 米山地沟谷和土质阴坡、半阴坡，与其他灌木一起形成中生灌丛。见甘沟、榆林沟。

二四、夹竹桃科 Apocynaceae

（一）罗布麻属 *Apocynum* L.

　　1．罗布麻 *Apocynum venetum* L.

　　耐盐旱生半灌木。生北部荒漠化较强的山谷盐碱地。仅见石炭井附近。

二五、旋花科 Convolvulaceae

（一）旋花属 *Convolvulus* L.

　　1．刺旋花 *Convolvulus tragacanthoides* Turcz.

　　旱生具刺垫状半灌木。生浅山区和山缘石质阳坡、常形成小片优势群落。也见洪积扇多石或岩石出露地方。见汝箕沟以南地段。

二六、马鞭草科 Verbenaceae

（一）莸属 *Caryopteris* Bunge

1．蒙古莸 *Caryopteris mongholica* Bunge

旱生小灌木。生海拔 1300～2400 米山地干燥石质阳坡和山麓砾石质坡地。在一些地段单独或与其他旱生灌木共同形成群落。见苏峪沟、贺兰沟、插旗沟、黄旗沟、拜寺沟。

（二）荆条属 *Vitex* L.

2．荆条 *Vitex negundo* L. var. *heterophylla* (Franch.) Rehd.

喜暖中生灌木。生山麓冲沟内。稀见山麓。

二七、唇形科 Labiatae

（一）青兰属 *Dracocephalum* L.

1．灌木青兰 *Dracocephalum fruticulosum* Steph.

旱生小半灌木。生海拔 1500～2100 米浅山区、山麓干燥石质山坡。见甘沟。

（二）百里香属 *Thymus* L.

2．亚洲百里香 *Thymus serpyllum* L. var. *asiaticus* Kitag.

旱生小半灌木。生海拔 1600～2000 米的石质山坡。在局部地段能形成群落。见苏峪沟、黄旗沟、甘沟、贺兰沟、大水沟、汝箕沟。

3．蒙古百里香 *Thymus serpyllum* L. var. *mongolicus* Ronn.

中旱生小半灌木。生海拔 2000～2600 米山地石质山坡。为石质杂类草草原及山地草甸的重要伴生种。见苏峪沟、贺兰沟、黄旗沟。

二八、茄科 Solanaceae

（一）枸杞属 *Lycium* L.

1．宁夏枸杞 *Lycium barbarum* L.

中生灌木。生山麓冲沟和山口、宽阔山谷坡脚下。见山麓。

2．黑果枸杞 *Lycium ruthenicum* Murr.

盐生灌木。生山麓盐碱池。见石炭井。

二九、茜草科 Rubiaceae

（一）薄皮木属（野丁香属）*Leptodermis* Wall.

1．内蒙薄皮木（内蒙野丁香）*Leptodermis ordosica* H. C. Fu et E. W. Ma

旱生小灌木。生于海拔 1200~2300 米山地阳坡，潜水区、山缘及北部荒漠化较强的石质山坡。可单独或与其他灌木组成群落。也进入山地灰榆疏林下部成为建群种。习见。

三十、忍冬科 Caprifoliaceae

（一）、忍冬属 *Lonicera* L.

1. 蓝锭果忍冬 *Lonicera caerulea* L. var. *edulis* Turcz. ex Herd.

耐寒中生灌木。生海拔 2500~2800 米山地阴坡云杉林下，为特征性伴生种，仅见主峰下的哈拉乌北沟及北寺沟。

2. 黄花忍冬 *Lonicera chrysantha* Turcz.

耐阴中生灌木。生海拔 2000~2300 米山地沟谷、阴坡的灌丛及杂木林中。见小口子、插旗沟。

3. 葱皮忍冬 *Lonicera ferdinandii* Franch.

中生灌木。生海拔 1700~2000 米山地沟谷、灌丛及杂木林中。见小口子、镇木关沟。

4. 小叶忍冬 *Lonicera microphylla* Willd. ex Roem.

旱中生灌木。生海拔 1600~2600 米山地沟谷、阴坡、半阴坡、半阳坡的灌丛和杂木林中，是构成山地灌丛的重要成员。在宽阔山谷干河床两侧常与灰榆形成疏林灌丛。习见。

（二）荚蒾属 *Viburnum* L.

5. 蒙古荚蒾 *Viburnum mongolicum* Rehd.

喜暖中生灌木。生海拔 1500~2300 米地阴坡、半阴坡和沟谷灌丛中。见苏峪沟、贺兰沟、小口子、黄旗沟。

三一、菊科 Compositae

（一）亚菊属 *Ajania* Poljak.

1. 耆状亚菊 *Ajania achilloides* (Turcz.) Poljak

强旱生小半灌木。生山麓荒漠草原和草原化荒漠群落中。为重要伴生种，也沿石质山坡上升到海拔 2000 米以下的低山残丘。有时能形成小片群落。习见。

2. 灌木亚菊 *Ajania fruticulosa* (Ledeb.) Poljak

强旱生小半灌木。生山麓草原化荒漠群落中。见苏峪沟、甘沟、石炭井。

3. 小叶亚菊 *Ajania microphylla* Ling

旱生小半灌木，生海拔 1400~2300 米山地沟谷砾石地、石质山坡。沿冲沟、干河床也偶见山麓地带。见黄旗沟、甘沟、苏峪沟。

4. 丝裂亚菊 *Ajania nematoloba* (Hand.—M) Ling et Shih

旱生小半灌木，生海拔 1400～2300 米石质山坡。见大武口、石炭井、汝箕沟等。

（二）蒿属 *Artemisia* L.

5．冷蒿 *Artemisia frigida* Willd.

旱生小半灌木。生海拔 1600～2500 米山地石质、土质山坡、山麓荒漠草原群落中。为山地草原、荒漠草原的重要伴生种。局部形成层片。见苏峪沟、贺兰沟、黄旗沟、甘沟及各沟口山麓。

6．细莲蒿 *Artemisia gmelinii* Web. ex Stechma.

旱生矮半灌木。生海拔 1600～2500 米山地石质、沟谷石壁、林缘及灌丛中。在山地中部干燥山坡有时能形成小片群落。习见。

7．黑沙蒿（油蒿）*Artemisia ordosica* Krasch.

沙生旱生半灌木。生山麓覆沙地、冲沟沙地，也进入宽阔山谷干河床。见北部山丘覆沙地。

8．白沙蒿 *Artemisia sphaerocephala* Krasch.

沙生强旱生半灌木。生北部荒漠化较强的山麓干河床和覆沙地。见北部山麓。

9．旱蒿 *Artemisia xerophytica* Krasch.

强旱生半灌木。生山麓荒漠化草原及草原化荒漠中，为伴生种。见北部荒漠较强山麓。

（三）紫菀木属 *Asterothamnus* Novopokr.

10．中亚紫菀木 *Asterothamnus centrali-asiaticus* Novopokr.

超旱生半灌木。生山麓沟谷、干河床及沙砾地，沿干河床向山地深入。在各大山口、干河床两侧常形成群落。见甘沟、汝箕沟、苏峪沟。

（四）女蒿属 *Hippolytia* Poljak.

11．贺兰山女蒿 *Hippolytia alashanensis*（Ling）Shih

旱生小半灌木。生海拔（1500～1700）～2400 米山地石质山坡、悬崖石缝中。多呈零星或小片分布。见甘沟、黄旗沟、苏峪沟、插旗沟、汝箕沟等。

裸子植物门 GYMNOSPERMAE

三二、松科 Pinaceae

（一）云杉属 *Picea* Dietr.

1．青海云杉 *Picea crassifolia* Kom.

中生长绿乔木。生海拔 2100～3100 米山地阴坡、半阴坡及沟谷中。成纯林或混交林。

为贺兰山最主要群树种。见中部各主要山体。

（二）松属 *Pinus* L.

2．油松 *Pinus tabulaeformis* Carr.

中生常绿针叶乔木。生海拔 1900～2300 米阴坡、半阴坡。成纯林或混交林，是贺兰山主要建群树种之一。见中部各主要山体，向北不超过汝箕沟，向南不超过红石峡。

三三、柏科 Cupressaceae

（一）刺柏属 *Juniperus* L.

1．杜松 *Juniperus rigida* Sieb. et Zucc.

旱中生常绿针叶小乔木，在当地有时呈灌木状。生海拔 1600～2500 米的山坡、沟谷。单个或与灰榆疏林形成疏林，也混生于油松林、云杉林中。是除灰榆以外，分布最广泛的树种。

（二）圆柏属 *Sabina* Mill

2．叉子圆柏 *Sabina vulgaris* Ant.

中生常绿匍匐灌木。生海拔 1800～2600 米山坡及沟谷，在云杉林、油松林林缘或在2500 米左右的山项、半阳坡上形成灌丛，山地中部各坡均有分布。

三四、麻黄科 Ephedraceae

（一）麻黄属 *Ephedra* L.

1．中麻黄 *Ephedra intermedia* Schrenk ex Mey.

旱生常绿茎灌木。生海拔 1100～1600 米山地干谷和山麓。见北部荒漠化程度高的地段。如麻黄沟。汝箕沟。

2．木贼麻黄 *Ephedra equisetina* Bunge

旱生常绿茎灌木。生海拔 1500～2300 米山脊、干燥阳坡、沟谷、石缝中。

3．斑子麻黄 *Ephedra rhytidosperma* Pachom. —*E. lepidosperma* C. Y. Cheng

旱生性极强的常绿茎矮灌木。生海拔 1900 米以下的山口、山缘的石质山坡、和山麓多石、岩石露处。能形成群落。为贺兰山特有种，向北不超过贺兰沟。

"中国森林生态系统连续观测与清查及绿色核算"
系列丛书目录